核电工程项目管理漫谈

刘锦华　著

U0346928

中国原子能出版社

图书在版编目（CIP）数据

核电工程项目管理漫谈 / 刘锦华著. —北京：中
国原子能出版社，2023.9

ISBN 978-7-5221-2876-4

Ⅰ. ①核… Ⅱ. ①刘… Ⅲ. ①核电厂–工程项目管理
Ⅳ. ①TM623

中国国家版本馆 CIP 数据核字（2023）第 145268 号

核电工程项目管理漫谈

出版发行	中国原子能出版社（北京市海淀区阜成路 43 号　100048）
责任编辑	李静晶　申文聪
责任校对	冯莲凤
责任印制	赵　明
印　　刷	北京中科印刷有限公司
经　　销	全国新华书店
开　　本	710 mm×1000 mm　1/16
印　　张	9
字　　数	103 千字
版　　次	2023 年 9 月第 1 版　2023 年 9 月第 1 次印刷
书　　号	ISBN 978-7-5221-2876-4　　　　定　价　**58.00** 元

网址：**http://www.aep.com.cn**　　　　　E-mail：**atomep123@126.com**
发行电话：**010-68452845**　　　　　版权所有　侵权必究

序　言

　　30多年前，刘锦华同志由水电设计领域转投大亚湾核电工程建设，从事合同、审计、生产等管理工作。从岭澳核电有限公司成立起，他担任副总经理、总经理，直至岭澳核电站一期工程顺利投产，他积累了丰富的工程管理经验。此后，他又专注于核电工程项目管理的总结和培训。退休后，应中国核能行业协会邀请，他参与了我国不少核电工程新项目，尤其是"华龙一号"和"国和一号"工程管理的评估和沙盘推演等活动。在此期间，他坚持学习，努力将研究的相关理论与我国核电工程建设的优良传统和丰富经验结合起来，着重于探讨质量和风险管理，写下了这本《核电工程项目管理漫谈》。

　　当前，我国已明确"积极安全有序"发展核电的方针，前景一片大好。认真总结我国40年来的核电工程建设经验教训，努力改进和完善现有的核电工程项目管理体系，使之更加符合我国实际，将是很有意义的。

昝云龙

2023年2月

前　言

笔者有幸从大亚湾核电开始参与核电建设，并曾作为岭澳核电（一期）主要负责人之一，经历了该工程建设的全过程。

20多年来，每遇到当年的同事，最经常谈及的话题就是岭澳核电的"蓝色、透明、共赢"文化。

"蓝色"，守护蓝色的天，蓝色的海，守卫人民的安全，这是我们的天职。

"透明"，坚持工程质量的透明，坚守诚信，我们才能取得人民的信任。

"共赢"，大团队的协同共赢，这是我们确保核安全、造福人类的基础。

2003年岭澳核电一期圆满竣工，笔者将工程管理中的感悟写成一本《管理随笔》。随后笔者离开一线，专注于培训工作，于2013年编写了一册《工程项目管理札记》，以为可了结此生对工程项目管理的探讨。

没承想，从2014年起中国核能行业协会又提供宝贵的机会，让笔者参与了我国首批具有自主"血统"的"华龙一号"与"国和一号"等工程管理的评估、沙盘推演、评审及培训等工作，见证了工程一次次的成功与挫折，感受了团队一次次的欣喜与困惑。荀子曰："善学者尽其理，善行者究其难。"在边学习、边思考的过程中，笔者深受同行们的教诲与启迪，若不予整理，心存亏欠，故而将所学所思编成一册《核电工程项目管理漫谈》。因是笔者的一些思考，不系统、不完整，难免有误，只望能借此抛砖引玉，请同行们不吝赐教，共同切磋，以不断提升我国核电工程项目管理水平。

借此机会，特别感谢老领导昝云龙长期对我的谆谆教诲并为本书作序，感谢中国核能行业协会对我的信任和给予的宝贵学习机会，感谢业内众多专家和同事们一贯的支持和帮助，还要特别感谢中国原子能出版社总编辑谭俊对本书的认真审阅和提出的珍贵意见和建议。

刘锦华

2023 年 3 月

目　录

第一章

核电工程项目管理的特点与要点

核电工程项目既有一般项目的独特性、临时性和逐步完善等导致诸多不确定性的基本特点，又有大型工程项目投资大、周期长、参与方众多、接口复杂等特点，更重要的特点是存在放射性污染风险，因而对核安全和工程质量有至高无上的要求。

法规一再明确业主（核设施运营者）必须承担核电厂全寿期的核安全全面责任，因而需要进一步思考总承包建设模式的适用性。

与运行阶段有所不同，工程阶段是由混沌无序向稳定有序质变的动态过程。核电工程还需要根据自身的三大类型，即示范型、翻版改进型和系列化型，采用特点各异的管理方式。

1.1 不确定性是项目的基本特性

项目不同于生产（规范运作）的关键是，项目存在大量不确定性。项目管理是增强有效约束以减少不确定性的过程。

1.1.1　项目的定义

项目的经典定义是：为创造独特的产品、服务或结果而进行的临时性工作。其特点是：

■　独特性——项目不同于大批量刚性生产，其交付物，即产品、服务或结果，有着与众不同的特点，因而存在诸多不确定性。

■　临时性——项目团队是临时组成的，它将随着实施过程而变化，并在项目交付后解散，临时团队在熟悉项目的过程中，难免增添新的不确定性。

■　逐步完善——由于存在大量的不确定性，项目制订的目标、计划、规则和流程等，只能在实施过程中通过逐步迭代和细化而臻于完善。

1.1.2　规范运作

规范运作是重复性的运作，其输入、过程和输出均已固化。大批量刚性生产即为典型的规范运作。其特点与项目相反：

■　标准化：产品或服务的全过程，均严格执行标准的工艺和流程。

■　稳定：组织的机构、岗位和职责等，均保持稳定。

综上所述，项目的最基本特性是"不确定性"。正是由于大量不确定尚未得到有效约束，项目呈现独特性、临时性和逐步完善的特征。规范运作则是经过了重复实践验证，对大量不确定性已采取了有效约束，并形成了标准规范（见图1）。

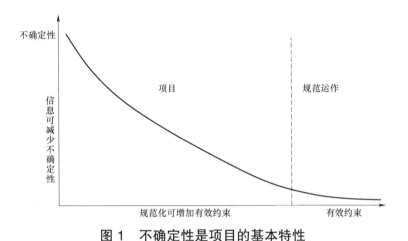

图 1　不确定性是项目的基本特性

也许从图 1 可以将项目管理归结为：减少不确定性并增强有效约束，以完成项目交付物的过程。

1.2　减少不确定性和增强有效约束是项目管理的基本思路

由于不确定性是项目的基本特性，提升工程项目管理水平的基本思路可归结为：增加相关信息的占有量以减少项目不确定性；推进规范化、标准化以增强对项目的有效约束。

由此，对核电工程管理的启迪是：一要运用先进智能技术，加大开发和利用核电工程经验反馈数据库的力度，以提高管理各领域识别不确定性的能力；二要在示范项目成功后，全力推进后续批量项目的标准化，以提升对项目施加有效约束的能力。

1.2.1　增加项目相关信息的占有量以减少项目的不确定性

信息是确定性的增加。收集并积累项目相关信息和知识资产，是减少项目不确定性的关键途径。

（1）信息——知识

信息论奠基人香农认为"信息是用来消除随机不确定性的东西"。换句话说，信息就是确定性的增加。

既然不确定性是项目的基本特点，就必须尽量扩充和利用信息，以减少项目的不确定性。

信息来自于数据。数据是从各种现象中观察到的浩瀚而杂乱无章的数据，需要根据现象的相关性，去伪存真，海选出分类信息。

信息量仍然极其庞大，且无时无刻不在增加，必须经过思维加工，去粗取精，总结其间的因果关系，加以储存，形成能减少各种不确定性且便于利用的知识。

当知识转化为组织所拥有或控制、并带来未来超额效益的知识资产后，它就成为组织的核心竞争力。

工程项目参与方在其所从事领域占有的知识资产存量和提升知识资产增量的能力，既是它识别和应对项目不确定性的能力，也是衡量其成熟度的重要标志。

（2）知识资产的积累

收集信息、积累知识资产有很多途径，包括来自前人积累的物化信息——文献；组织内部积累的各类数据库；组织内外以及同行间的沟通交流等。在智能化迅猛发展的今天，像 ChatGPT 等技术更为我们提供了更为广泛、实时而又方便的收集和使用信息的工具。

（3）核电工程经验反馈数据库——亟待挖掘的知识宝库

我国已积累近 40 年的核电工程建设经验反馈大数据，这是亟待挖掘的珍贵宝藏。倘若能将这些因年代不同而输入标准各异的浩瀚的数据，以统一标准加以整理，形成行业内共享的核电工程经验反馈数据库，并使用 ChatGPT 等技术，编制出方便于质量、安全、风险、计划、成本、技术等各类管理使用的接口，必将极大地提升业内对核电项目不确定性的认识，并显著提升核电工程项目管理的水平。

1.2.2　推进规范化、标准化以增强对项目的有效约束

减少不确定性的基本思路是增加信息。增加有效约束的基本思路是增强对不确定性（风险）的防范，并形成规范和标准。

以下将从工程项目管理的若干阶段，阐述努力推进规范化、标准化管理的缘由和思路，以及宜在什么时机大力推进标准化。

（1）项目管理的发展路径

项目管理源自于生产管理。早期项目管理学科没能摆脱规范运作管理的印记。自 20 世纪中期，各色各类项目随着社会经济的迅猛增长而涌现，尤其是近 30 年 IT 行业的飞速发展，项目不确定性的特征日益彰显。经过半个多世纪的演变，项目管理已逐渐脱离通用生产管理的范畴，成为一门独立的学科。从美国项目管理学会的《项目管理知识体系指南（PMBOK 指南）》的初版到当前最新的第七版，可以看出其中端倪。

大批量刚性生产属于"规范运作"。在经过反复的实践后，产品和生产过程的大量不确定性已被识别，并通过严格的规章程序加以有效约束。规范运作管理的基本要求是"非令不行"，即不得进行非规章程序规定的运作。日本丰田汽车公司创立的精益管理是规范运作的经典。

精益管理的目标可以概括为：企业在为顾客提供满意的产品与服务的同时，把浪费（包括人力、设备、资金、材料、时间和空间等）降到最低程度。努力消除种种浪费现象以降低成本，成了精益管理的最重要的内容。通过流程再造，实行严格按合同、计划和程序运作的管理。当然，这些计划和程序已经通过大量重复性规范运作的充分检验，证明是有效和高效的。精益管理侧重于在完善的计划和组织下，各司其职，各负其责，按章运作，交付成果。

与精益管理模式相反的是敏捷管理模式。

敏捷管理的概念来源于 2001 年软件开发人员起草的《敏捷宣言》。它强调，"个体和互动"高于"流程和工具"，"响应变化"高于"遵循计划"。这种管理显然符合软件行业需要通过与客户的互动和多次迭代，才能完成交付物的特点，也符合项目"逐步完善"的特点。敏捷管理侧重于在运作中"相互协调、相互制约"，逐步完善，交付成果。

有意思的是，敏捷管理模式是远在精益管理模式之后出现的，但却是在近20年才被项目管理学科所采纳。其实，项目管理存在诸多不确定性的特点，决定了项目不可能采用规范运作的精益管理模式，应当是采用的是先敏捷、后规范的混合管理模式（见图2）。

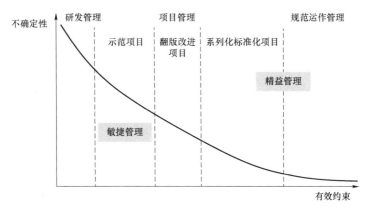

图2　精益管理和敏捷管理在不同类型管理中所占比重

图2示意了同一技术路线的工程项目管理的发展阶段。初期由于存在诸多不确定性，项目拟订的目标、计划以及规程程序能否对诸多不确定性起到有效约束的作用，项目能否实现设计预期的功能，尚待实践的检验，尚在逐步完善的阶段。此阶段的管理难免出现需要试错、纠错的过程。此时，敏捷管理将起着重要的作用。当然，即使在这个阶段，也要引入一部分精益管理的要求。对某些高风险运作，需要有"非令不行"的要求，严格禁止违章操作和违章指挥；对于其他运作，也要尽力推行规范化，编制各类指标、计划和规章程序，以利工程项目的有序进展，只是这些规范化的措施需要在实践中逐步完善。随着承建项目数量的增加，对项目不确定性的认知和有效约束能力不断加强，精益管理的权重就越来越大，标准化势在必行。

（2）从示范型到系列化型——大力推进规范化、标准化

同一个型号的核电项目从示范型到系列化型的发展中，前后几个阶段管理重点也有差异。研发阶段关键是提出并验证概念的可行

性。尤其在提出新概念阶段，需要给予研发人员充分的自由度，甚至任其天马行空，到验证阶段就需要严格依照规章程序。一旦进入示范项目开工建设阶段，必须制订项目的预期目标，编制各项计划和规章程序，所有管理的重点则是验证项目能否达到设计预期的功能要求。设计的迭代融入工程项目全过程，不可能在开工前完成固化。在示范型阶段，需要通过敏捷管理修订并完善设计、目标、计划和规章程序等。此阶段提出标准化为时过早，只能要求逐步提升规范化，并为标准化做准备。一旦示范项目获得成功，进入系列化阶段，为了确保核安全、缩短工期、降低成本、提高效益，为社会提供更安全、可靠、经济的清洁能源，全力推行标准化是最佳途径。

（3）项目管理成熟度提升的标志——规范化、标准化的程度

对于专业化的工程项目管理方或执行方，如何提升其项目管理成熟度至关重要。学界对项目管理成熟度的划分各有不同。对于同一型号的核电项目而言，笔者认为以下的划分比较适合，即初始级、可复制级、规范级、量化级和优化级。初始级即组织刚接手首个项目，此时经验欠缺。有了首个项目的经历和知识积累后，第二个项目就可以在复制首个项目对不确定性的识别和有效约束的基础上，大踏步提升其管理能力。再通过完善其各领域的规范化管理以及进一步推进标准化，组织就可以将其成熟度提升至规范级甚至量化级的水平。至于优化级，意味着项目的不确定性降到了很低的水平，几乎接近于规范运作。同一型号的核电项目不仅数量有限，而且必然存在不同厂址的独特设计，不可能达到"大批量刚性生产"的状态，全面标准化的优化级仅是个理想目标而已。

（4）全面融入项目的风险管理——规范化、标准化的抓手

本书第四章将专门阐述核电工程项目风险管理。这里仅简要说明一点，即风险管理的实质就是事前识别不确定性，通过分析，采取相应约束应对不确定性，并事后验证该约束的有效性。显然，风险管理应当融入项目管理的各领域和全过程，才能推进项目各领域规范化、标准化的进程，并验证其合理性。

1.3 核电工程项目的主要特点

核电是提供安全、可靠、经济、清洁能源的重大项目。若能确保核安全，核电将为人类造福；若丧失核安全，核电将给人类造孽。

核电工程管理与生产管理的性质有显著区别，前者是投入资源、由混沌无序状态建成稳定有序的核电厂的动态过程，后者则是运行并维护稳定有序的核电厂、确保核安全、创造效益的过程。

"项目"囊括范围太大。小至组织一次培训，大至像三峡水电站等投资上千亿元的巨型基建工程，都可统称为"项目"。差异如此之大，以至于项目管理的研究难免又陷入"通用型"管理原则，对于具体项目管理者的用处有限。因此本文仅阐述对商用核电工程项目管理（不包括研发类实验堆）的一些思考。

1.3.1 "民之所忧，我必念之；民之所盼，我必行之"

"民之所忧，我必念之；民之所盼，我必行之。"习近平同志这段话用在核电工程上尤为贴切。人民对美好生活的向往，既需要安

全可靠经济的电力，又需要美丽清洁的环境，这是民之所盼，也正是我们核电人之所行，"发展核电造福人类"是我们投身核电事业之初衷。同时，放射性危害是民之所忧，一旦发生放射性大量泄漏，将危害人民、污染国土，给我国乃至世界造成不可挽回的巨大灾难，核电人对核安全必须时时念之，这是我们从事这项事业的崇高责任。在核电工程建设阶段，必须对质量问题采取"绝不让步"的态度。国家有关监督部门必须也必然对核安全和质量进行持续、严格的审核和监督。

1.3.2　核电工程属于特别重大的工程项目

与一般工程项目相比，核电工程项目有以下几方面显著特点。

■　放射性：核电工程放射性大量泄漏会对人类造成极为深远的灾难，核工业必须永远坚持"人民至上"的原则，必须确保民众和环境免受放射性危害。

■　外部不确定性更多：涉及国内外形势、国家经济政策、公众接受度、社区环境、市场环境、装备资源、厂址条件（地质、气候、海域以及水电交通……）等。

■　周期更长造成的诸多不确定：从策划、准备，直至工程建设竣工，少则十来年，多则几十年。在这么长的时间内，外部环境乃至组织自身，必然发生诸多无法预测的变化和风险。

■　投资巨额引起的资金和成本的不确定性：核电工程投资额一般都在几百亿元甚至上千亿元。各种风险导致资金链断裂、项目延误，甚或中止，都将带来巨大的经济损失。

■ 技术复杂造成的建造风险：核电技术本身就属于高新技术，再加上必须防止放射性对人体和环境的危害，系统更加复杂。

■ 参与方众多带来的接口风险：由于核电工程庞大而复杂，从设计、制造到土建安装、调试，上千家参与方协同运作，接口风险极大，必须做到环环相扣，不容闪失。

1.3.3　核电工程项目管理与核电运营管理的区别

核电工程管理与核电运营管理虽然同属于核电行业，是全寿期密不可分的两个阶段，但是二者还是有着根本的区别。

（1）工程管理是从无序状态建成稳定有序系统的动态管理过程

工程是从混沌无序的物理状态，由一个临时建立的工程管理系统，通过其内部协同以及与外部的物质、能量和信息的有机交换，以有序渐变的方式，逐步建成一个有序稳定的实体交付物（见图3）。

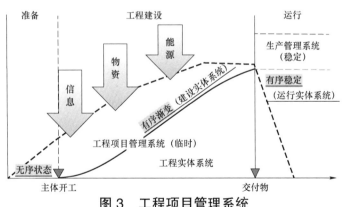

图3　工程项目管理系统

核电工程是投资方承担风险（某种意义上是"制造"风险），投入资金，以期获得更大的效益（即建成一个可长期安全、可靠、经济运行的核电站），从而增强抵御风险能力的过程。因此，工程项目管理方的责任就是用好投资，以高度敬业精神应对工程项目的各种风险，以有序渐变的方式，最终交付符合投资方预期价值的核电厂。

（2）运营管理是维护有序系统的相对稳定的管理过程

核电运营则有所不同，运营是靠一个稳定的管理团队，通过其精心运营、精心维护和持续改进，使接手的有序稳定的核电厂不断为投资方创造更大的效益。当然核电厂投入运行后，外部环境、工程遗留的隐患，以及长期运行对系统造成的损害等不确定性依然存在，核安全责任又始终是悬在核电厂营运者头上的"达摩克利斯之剑"。倘若核电厂发生"突变"风险，可能造成本企业、本地区，甚至全行业和社会的巨大灾难，因此，对风险管理不能有丝毫的懈怠。

1.4　核电工程项目的管理要点

核电工程项目管理应聚焦于价值，即全寿期所能创造的价值。为此，必须始终把工程质量摆在压倒一切的地位，把风险管理融入工程项目管理各领域和全过程之中。

1.4.1　聚焦价值始终如一

现代项目管理强调"聚焦于价值"（见 PMBOK 第七版"项目管理原则"），即聚焦于终极成果。工程项目的目标显然是交付符合业主预期价值的终极成果。

　　不少学者做过案例统计分析，指出多数项目管理未能实现预期目标。先不论其统计是否合理，但确实有相当多的工程项目实现不了"既定的目标"。究其根本原因，往往指向项目管理成熟度低、团队执行不力、项目负责人选择不当，等等。

　　一个小故事或许有些启发。据说，第二次世界大战期间，一位军人给其父写信称，他们为战损的飞机进行统计，发现弹孔基本都在机身上，引擎则甚少，于是准备按弹孔分布对战机相应部位进行加固。其父为外科医生，迅速回复说，你们犯了严重的逻辑错误，战场送来医院的伤员大多是四肢受伤，而那些头部或胸部中弹者多数已战死沙场，重要的是引擎！

　　在国内外大量的工程项目管理中，类似的逻辑错误也时有发生。

　　比如某些"形象工程"虽然"完美"地实现了投资方设定的"工程目标"，投运后却未能创造效益，浪费了大量的资源，原因是"引擎"出了问题，即启动前投资方的设计决策失误。某些工程"烂尾"的原因亦可归咎于此。

　　启动后的工程项目管理所能做的是，以设计为基准，朝着业主设定的"既定目标"去努力。如果明明是业主选择的设计不合理或不成熟或"既定目标"不可行，显然不能把工程建设未能达到业主"既定目标"的原因归咎于项目管理及其团队。

　　为了使项目管理始终"聚焦于价值"，核电工程项目除了明确"建成能够长期安全、可靠、经济运行的核电厂"这个总方针外，决策方如何科学求实地设定具体核电工程项目的质量、进度和成本等总目标，实为衡量工程项目管理成败之前提。

1.4.2　坚守质量毫不动摇

核电工程质量是核电厂长期安全可靠经济运行的根基，是核安全的保障。核电工程建设必须坚持质量第一的原则。在庞大的系统中，任何一个环节薄弱都可能导致事故的发生，质量管理既十分重要又十分艰巨。在工程实施过程中，为什么质量管理一再被强调，而质量缺陷和隐患却层出不穷，重大质量事故还时有发生？为什么质量监管层层加码，结果却常常是效率降低了，而效果也不明显？明明核电工程质量是根基，根基不牢，地动山摇，为什么决策层却更加关注"后墙（工期目标）不倒"？核电工程管理怎样才能真正在质量问题上做到绝不让步？这是需要尽心研究并尽力解决的课题。

1.4.3　防范风险贯穿全程

20 多年来，"风险管理"风靡全国，自上而下都在大讲风险管理。风险的识别、分析、评估和应对；对待风险采取规避、减轻、转移、接受的策略，管理人员对这些都耳熟能详，倒背如流。各单位建立了层层风险管理体系。风险管理也列入 PMBOK 项目管理的十大领域之一。看似很重视，实则往往未落到实处。究其原因，风险管理只是"外挂"在项目管理的一个"领域"，而没有"融入"到项目管理之中。可喜的是，近 10 年来，核电工程界继承和发扬了"老核电"的好传统，为了确保工程质量，大力提倡风险导向，创造并规范了诸如 TOP 管理、沙盘推演、同行评估、风险管理手册等有效工具，有效地增强了风险管理在核电工程管理中的作用。

1.5　核电工程建设模式的思考

核电工程有别于一般建筑工程，是以核动力发电系统为核心的工程项目。目前的 EPC 总承包（交钥匙）模式容易引起责任混淆，宜探讨"P&D＋B（工厂设备与设计＋施工）一体化"模式，既要强调发挥设计在工程建设全过程的龙头和协同牵引作用，又要避免"总承包"概念与核设施业主必须依法承担核安全全面责任的矛盾。

1.5.1　我国核电工程"总承包"的含义

目前国内工程建设，除了少数项目由业主直接实行"一体化"管理之外，多数采用中国式称谓的"总承包"模式。顾名思义，总承包是指业主将工程建设（设计、采购、施工、调试，即 EPCS）总体承包给一家有资质的工程单位。对于核电工程项目，这个概念需要进一步厘清。

1.5.2　"EPC 交钥匙方式"

国际咨询工程师联合会（FIDIC）将工程 EPC 或 D＋B 总承包称为"EPC 交钥匙方式"（21 世纪初，FIDIC 以 P&D＋B 替代了 D＋B）。其显著特点，一是有利于发挥设计的牵头作用；二是有利于实现设计、采购、施工和调试大团队的协同；三是计价模式基本是"总价包干"，降低了业主的风险；四是工程项目责任明确，即总包方是第一责任人。

国内大量的工程 EPC 总包合同，实际上并未真正实行"总价包干"，往往是"费率招标"的假"总承包"。

也许，我们大量采用的是"非交钥匙"的"EPC 总承包"，或称"EPC 一体化"模式，即将工程从设计、采购到建造的全过程，统一委托一个总承包方完成的模式。

1.5.3　核电业主承担核安全全面责任

对核电工程而言，上述 EPC 交钥匙方式的前两个特点非常适宜，但后两项，尤其是责任问题显然需要认真研究。核电厂业主承担着核安全的社会责任，追求核电厂长期安全可靠经济发电带来的效益。显然，业主对核电工程质量最为关切，也毫无疑问必须承担工程建设质量的最终责任。我国法规已明确核动力厂运营者（即业主）应当承担该厂全寿期（从选址到退役）核安全全面责任。在工程建设期间，业主可以将工程建设工作委托给总包方，但责任不能转移。核电工程建设不能将与核安全直接相关的工程质量责任转移给总承包方，这是一条不可逾越的红线。

1.5.4　"P&D＋B"模式

FIDIC 指出的另一种"P&D＋B"模式值得考虑。对于一般的工程建设，包括道路、桥梁、铁路和民用建筑等，其核心是建筑工程，其总承包可以是 EPC 交钥匙合同。国家有关行政部门对此有相应的法规。但是，对于以生产系统为核心，包括了系统全套设备的工程项目，适用的是 P&D＋B（即 Plant Design and Build，工厂设备与设

计 + 施工）合同。二者设计与采购的理念不同。前者 E（Engineering）一般指建筑工程设计；后者 D（Design）则注重于生产系统和设备的设计与采购。P&D + B 交付的是能够为业主生产出产品并创造效益的全套交付物。

除非在工程"总承包"之前，工厂全套生产系统已经完全实现标准化（设计的任务只是为标准化的生产系统设计相应的构筑物），否则为了保证移交投产后工厂能长期安全可靠经济生产，确保运营能创造其预期价值，业主必然要深度参与设计与工厂设备采购，不可能"总价包干"给承包方。

1.5.5 核电工程项目建设模式的探讨

由图 4 可以看出，核电工程项目更适宜 P&D + B 合同模式。对于诸如核电、化工类工程项目而言，工程项目的最终成果中，主体是能够产出预期产品的全套生产系统，而不是构筑物。

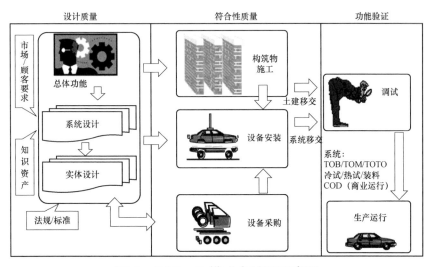

图 4 P&D + B 模式全过程示意图

首先，设计必须先遵照"以全寿期最低成本，可靠地实现必要的功能"原则，构思出工厂的总体生产系统；其次分解为多个子系统以及相应的设备、零部件，将之布置于适当的构筑物（土建）中，并按系统有机地联系起来（安装）；再进行综合分析。经过充分的理论计算、试验验证以及反复的迭代和改进，才能完成初步设计。接着还要绘制出一张张设计详图，工程才有了实施制造、土建和安装的依据。以上阶段基本上靠的是设计部门的知识资产及设计人员的智慧完成的。设计的龙头地位十分明显。

倘若系统与设备尚未实现标准化，在设备采购与制造全过程中，设计需要根据厂家的设备、工艺、人力以及所能获得的原材料等资源，通过提资、变更，进一步迭代改进，以保障系统与设备质量能达到原设计要求。

在土建安装施工阶段中，所有的建造质量，应当100%满足设计要求。但是，在这过程中必然存在诸多的不确定性和矛盾，设计变更不可避免。由于系统、子系统和设备零部件环环相扣，设计的每次变更又会带来或大或小的风险，并直接影响土建安装以至调试的进展。设计与团队各参与方协同的必要性尤为突出。

建造的质量，以符合设计图纸和技术要求为基准。设计的质量，则是以核电厂生产达到项目预期功能为基准。

可见，核电工程项目是以核电生产系统的设计与设备制造为核心的、全套的综合工程项目。比起一般的民用和市政工程项目采用的 EPC 模式，P&D＋B 模式更适用于核电工程项目。

P&D＋B 模式似乎应当根据系统设备是否已实现标准化分为两

类。若是，表示设计已基本成熟、主设备已经定型，该模式与 EPC 总承包模式没有太多区别；若不是，表示设计尚待成熟，P&D 的起点需要延伸到核电工程前期准备阶段，给设计方同设备制造方沟通交流并继续迭代与改进的时间。换句话说，前者的 P&D＋B 合同可以在工程准备阶段签订意向书，而后者则需要提前到前期准备阶段签订，自然业主将加大投入并承担更多责任。

鉴于此，在核电工程建设中，我们的建设模式实际上是"P&D＋B 一体化"承建模式，"总承包方"实际是"总承建方"。这样一来，既强调了基本由一个总承建方承担工程 P&D＋B 一体化的建设，又不影响业主为承担全面责任的参与，并采用灵活的计价方式，而非简单的"总价包干"方式。至于调试，作为移交接产的关键阶段，都需要业主生产部门与承建方的高度协同。如果总承建方有专业化的调试队伍，将之纳入总承建方合同范围，有利于与设计建造的协调以及合同争议的解决。反之，若业主有更强的具有调试能力的生产队伍，也可排除在总承建合同之外，但涉及与设计建造的协调以及合同争议的解决等内容，宜在合同中予以界定。

1.6　核电工程项目的三大类型

核电工程项目大体可以分为示范型、翻版改进型和系列化型。三者特点不同，管理方式和重点也各不相同。

核电示范堆项目与系列化项目的根本不同点在于：前者设计的质量尚待工程竣工乃至运行初期才能得到验证，且设计固化晚、变更多，存在诸多不确定性；后者的设计则已获得验证，不确定性大量减少并得到了有效约束，工程启动时建造计划及规则已基本完善或大体实现标准化。

示范项目与系列化项目的技术成熟度相差甚大，宜采用不同的管理模式、设定不同的工程目标和计划。至于翻版改进项目，则应根据改进项的多寡与难度，针对不同类型采取不同的管理模式。

核电工程项目的主体是核蒸汽供应系统及其配套设施、汽轮发电系统，以及各类外围设施，俗称核岛、常规岛和辅助厂房系统。一旦设计全部完成，且经过示范核电厂验证能满足预期功能的要求，该设计（P&D）就基本上可以"复制（翻版）"了。采用同型号的核电工程项目设计可以在此基础上，加以改进，并根据厂址实际状况以及中标制造厂的设备等具体条件，进行修改、补充和配套。

示范型核电项目的设计基本上是从零开始的全新设计，必然面临大量的不确定性，因而固化晚、变更多。其项目目标和计划也因存在诸多不确定性，只能在实施过程中随之动态逐步调整和完善。然而，示范项目成功之后，主体设计以及建造流程就可基本定型，大量的不确定性可被消除，后续的"翻版改进"项目就有了现成的"参考项目"或"依托项目"，相应的项目管理难度就显著降低。倘若陆续建设该型号核电厂，并经过不断改进日臻成熟后，其安全性和经济性得到广泛认可，此型号核电工程就可走上系列化、规范化、标准化之路，其项目管理难度大大降低。

综上所述，核电工程项目管理同样分为示范型、翻版改进型、系列化型三大类进行。

■ 示范型：示范型意味着从技术、执行到项目管理，均存在很高的不确定性。设计固化晚，大量变更不可避免。调试阶段宜尽量暴露建造以及设计质量问题。至于设计最终能否满足预期功能，则需要到移交后运行初期（至少一至两个燃料周期）才能获得基本验证。仪控系统与设计变更直接相关，只能在设计完全固化后才能完成。

由于示范型项目风险很大，目标设定时，宜预留合理的风险裕度。进度计划宜采用较灵活的关键链法，并加强动态管理。同时，在准备阶段就应当统筹考虑，尽可能降低项目的总体风险（总体风险大于各分项风险之和）。例如，尽可能采用成熟度高的系统和规格（包括材料、工艺、设备、系统）、引进成熟度高的执行方，尽可能选择各项条件较好的厂址等，以集中精力管理各项必要的新概念和新规格面临的高风险。

■ 翻版改进型：即，有了成功的示范型项目（"依托项目"）可供参考、补充和完善。此时，除了认真汲取依托项目的经验反馈，并加强针对性的质量管理外，还要集中精力管理不同于依托项目（包括厂址条件和外部环境的变化等）的各项改进和变更，同时加强对新引入执行方等风险管理。

■ 系列化型：当某堆型已进入系列化、标准化阶段后，设计已经基本实现固化，管理的路数也成熟了，但厂址条件不同，外部环境以及参与方可能发生了变化。此时宜重点关注该项目的独特性以及改进项。示范堆建设成功后，尽快推进其标准化，使不确定性（风险）尽量降低、有效约束尽快规范。核电工程建设的系列化和标准化，无疑将极大提升工程项目创造的效益。

当然，如果是在同一厂址连续建设系列化的工程项目，对业主和总包方的资源利用和规范管理、提高核电的安全和经济性最为有利。

至于计价方式，"总价包干"模式对于示范型核电工程项目，由于不确定性太多，其风险是总承建方难以承担的。业主与总承建方应当分门别类制定计价方式，明确各自的职责范围。但对于系列化型规范化程度高的项目，计价时可接近于"固定总价"，但由于业主必须承担核安全的全面责任，业主应承担核安全风险成本与一部分质量管理成本，以主导工程质量管理体系，对于项目总体和关键重大项拥有有效监管的权限。

1.7　核电工程项目管理必须"量身定制"

核电工程建设受国内外政治经济环境、国家政策、厂址条件、可获资源条件、堆型以及诸多不确定性的影响，应当具体情况具体分析，以科学、求实和积极的态度"量体定制"，对不同项目制定不同的管理目标和计划。

鉴于以上几节所述的特点，核电工程项目没有固定的管理模式，也没有可供简单对比的统一指标，必须根据实际情况"量身定制"。

选用的堆型（技术复杂程度、工程量各不同）、工程厂址条件（因新厂址首堆、扩建同型号项目、扩建不同型号项目等而不同）、需要获取政府主管机构审批文件的进展、设计成熟度、工程建设模式、长周期设备制造厂以及主要施工承建方（执行成熟度各不相同）等等，各有各的特点，难以套用一个"母本"，制定统一的目标和计划。

以制定总工期目标为例，需要强调科学、求实和积极的态度，具体情况具体分析，进行"量身定制"。

科学的态度，就是反对主观主义。不宜盲目比照其他核电工程项目，不按科学逻辑，推出"总工期目标"，以此作为"后墙"，倒排进度制订计划。这样制定出来的计划，既难以引领工程项目各项运作循序渐进，更无法成为协同项目团队各成员的共同目标。只有以严谨的科学态度，按照设计标准，应用工程项目进度管理"关键路径"或"关键链"法，排出各项运作需要的合理时间，以及各项运作相应的接口节点，并留出适当的风险裕度，才能编制出真正能够有序推进工程项目的进度计划，制定可行的总工期目标。

求实的态度，就是不能搞"一刀切"，简单地套用公式化的"总工期"。国内习惯以浇灌主体第一罐混凝土（FCD）日期作为工程的起始点、以投入商业运行日期为终点，计算工程"总工期"。但是，各项核电工程的"起始点"各不相同，甚至差异甚大。比如厂址的具体条件（如地震烈度、地质、水文和海域状况等）、厂址的准备工作（包括征地、道路、水电供应等）、政府有关部门必要的各类审批件的进展、设计的固化程度、长周期设备和关键设备的订货状况、主要执行方的成熟度等等，这些都需要实事求是、具体情况具体分析。即使是同类型的核电站，其工程关键路径可能不同，加上工程"起始点"本身缺乏统一的规则，好比赛跑，有的早已"抢跑"了，有的却不得不"边跑边系鞋带"。没有统一起始点的"总工期"，其实没有比较的意义。

积极的态度，就是反对墨守成规，即使设计已经确定，在工程建造过程中，技术创新和项目管理仍大有可为。团队应在确保安全质量的前提下，大力提倡技术创新（如推进自动化以减少人因失误，推进模块化施工与工艺改进等以提高工效）、管理创新（如引入关键链法、优化接口"搭接"以改进进度计划管理，建立"智慧工地"以加强安全质量管理，研究系统工程在核电工程项目的应用等），以积极的态度确保质量、提高工效、缩短工期、降低成本。当然，核电工程项目在决定采取任何创新时，都需要经过准确定性，避免对安全质量造成不利影响。

1.8 小 结

本章从项目的一般概念，论述核电工程项目及其管理的基本特点。工程项目是系统从混沌无序状态向稳定有序状态质变的动态过程，这是与运行（规范运作）的基本不同点。

核电工程项目由于存在放射性风险，对核安全和工程质量要求十分严苛，法规明确业主必须承担核电厂全寿期包括工程阶段核安全的全面责任。考虑到核电工程项目的特殊性，建筑工程常用的"EPC 总承包"的概念对核电工程建设不甚恰当，建议改称"P&D＋B 总承建"模式。

本章还建议根据示范型、翻版改进型和系列化型三类核电工程的具体特点，实事求是地分别采取不同的管理策略。

第二章

聚焦价值　致力协同

业主对核电工程项目投入资源，某种意义上是在"制造"风险、承担风险，目的是创造价值（包括社会、经济、战略等价值），增强抵御风险的能力。PMBOK 新版（第七版）提出的"项目管理原则"之一就是"聚焦于价值"，其实就是强调从事工程项目管理需要有系统观念，从系统全局、项目投资的初衷和追求的价值出发，而不只是"铁路警察，各管一段"，完成工程，移交了事。

业主在工程项目立项时，必然要先设定项目投产后的预期功能和所能创造的效益，即预期的价值目标。为此，既需要设法降低工程阶段的投入，又能获取投产后的最大收益。

工程阶段的价值目标包括多个参量，安全、质量、工期、造价、环保和创新等。这些目标参量都能实现吗？多数核电工程也许能做到，有的甚至做到质量更好、工期更短、造价更省，但发生严重拖期和超支的案例也不鲜见，国外甚至有个别项目半途而废。究其原因，是工程项目管理不力、团队不胜任、外部环境不确定还是设定的工程目标就不合理？前一章节已谈及，不再赘述。

本章试图以系统的观点，探究核电工程项目从启动前的准备、设计、建造、调试到移交接产全过程管理中，都有哪些关乎全局的关键因素。

核电工程项目就是从混沌无序状态，建设一个稳定有序的实体系统（核电厂）的动态过程。研究的对象，既包括相互密切关联的物的系统（从无序转变成有序）和人的系统（临时的项目团队），还包括系统内部与外部的交互作用。这是一个人、机、环境交汇、充满不确定性、资源大量输入的系统工程。一旦工程竣工投产，一个稳定有序的核电厂系统，将为投资方创造巨大的效益，即创造价值。

2.1 协同学与团队协同

由众多成员组成的工程团队的协同，是工程项目管理成功的基础。协同学的基本原理可供参照。

众所周知，核电工程建设依靠的是工程"团队"，从混沌无序的状态，通过有序渐变，建成稳定有序的核电厂系统。而团队发挥作用的关键是"协同"。如何使团队、系统和环境产生协同效应，甚至"协同共振"，为投资方创造出超预期的价值？协同论的基本观点也许会有些启发。

2.1.1 协同效应

系统是由若干相互关联、相互作用、相互影响的要素组成的、具有一定功能的有机整体，其演化存在着一般规律。系统各要素之间、要素与子系统之间、子系统与子系统之间、系统与环境之间都存在协同作用。这种协同效应，能够发生功能耦合，使系统整体功能远远大于各子系统功能之和，即 $1+1>2$。这正是工程项目管理系统所追求的，也正是哈肯的协同论研究的课题。

协同学研究的是各类系统的各部分之间互相协作，如何使整个系统形成一些微观个体层次不存在的新结构和特征。协同论研究的内容和应用范围十分广泛而深入。因笔者能力有限，本文仅浅析它对工程项目管理的一些启发。

2.1.2 三个基本概念

对工程项目而言，协同论的三个基本概念至关重要，即序参量、支配原理和哈肯信号。

■ 序参量：序参量是反映一个系统宏观有序程度以及系统发生从"混沌无序"到"稳定有序"质变（相变）的参量。

■ 支配原理：序参量由子系统协同作用产生，序参量又支配着子系统的行为。

■ 哈肯信号：管理者统筹外部控制因素与内部协同效应，发出让子系统自我引导行为的指令（语义信息）。

打个浅显的比喻。交响乐队要取得成功，首先需要选好能够打动听众的总谱，此即 "序参量"；其次，乐队需要共同接受序参量支配的分谱、相应的乐器以及专业素质高的演奏者，即接受"支配原理"的子系统；最后，还需要有杰出的指挥，其指令错落有致、挥洒自如，能激发乐队的激情和能力，产生有机的协同效应，此即

"哈肯信号"；三者结合，才能奏出动人心弦的交响曲。

2.2 聚焦价值与序参量

"序参量"就是决定系统演化的有序程度和发生相变的基本参量。对核电工程而言，设计和质量是工程由混沌无序状态相变为稳定有序的核电厂的基本序参量，也正是工程创造价值的"必要条件"，必须"尽力而为，尽力而行"。工程的其他目标，如进度、成本、创新等，则是创造价值的"充分条件"、系统演化的"候补"序参量，应尽力使它们与基本序参量相向而行、激发团队协同效应，转化为真正的序参量。"必要条件"与"充分条件"同步发力，同时成为引领团队的"序参量"，才能实现工程的最大价值。

2.2.1 核电工程系统的基本序参量——设计与质量

协同论认为事物的演化受"序参量"的控制，演化的最终结构和有序程度决定于"序参量"。当外界条件变化时，序参量也变化，当到达临界点时，序参量增长到最大，并产生一种宏观有序的有组织的结构。在自然界，比如激光，其序参量是光场强度；水的相变，其序参量是温度和压强。研究表明，不仅是非生物，复杂的生物以至社会系统的演化同样取决于序参量。

核电工程项目是人类改造自然的有目的活动，包括了实体系统和管理系统，其中人的主观能动作用至关重要。项目的起点是混沌无序状态，其过程则是工程团队沿着"既定"路径——设计蓝图，依靠团队的协同以及同外界的物质、能量和信息的有机交换，在这一有序渐变的动态过程中，逐步建成可实现"预期"功能的稳定有序的核电厂。这是工程项目由量变到质变的过程。

决定工程项目的基本序参量是什么？无疑是设计与质量——能实现预期功能的设计以及100%符合设计要求的建设质量，一旦得到满足，工程项目就能完成从无序到稳定有序的最终相变。

2.2.2 工程阶段的总目标参量与序参量

投资方为核电工程项目投入资金，为的是建成能长期安全、可靠、经济运行的核电厂，以创造价值（社会、经济或战略等价值）。因此，在工程启动前，业主（投资方）就选定了能够实现其预期价值的设计方案，以设计蓝图为依据，设定包括安全、质量、工期、成本、环保、创新等工程阶段的一系列总目标。

这些总目标是否都是实现工程项目由量变到质变的导向参量，即序参量呢？

如上所述，按正确的设计蓝图高质量地完成建造，是建成能够创造价值的核电厂的"必要条件"。其他参量则是项目创造价值的"充分条件"。当然，某些参量的严重失控，也可能成为导致项目失败而无法创造价值的决定性参量。

■ 职业健康、安全与环境：涉及到员工和民众的生命健康与生存环境。为员工创造可高效率地完成工作的环境，有益于保障工程质量和运作效率，降低工程成本。反之，严重的安全事故或环境污染，则可能导致工程项目的停滞，甚至失败。

■ 工期：尤其到了工程后期，多数合同采购费用已支付，工期的延误意味着发电收益的延后和财务负担的急剧增加，而工程造价的增加将降低项目的价值，即减少业主的预期效益。

■ 造价：无疑是工程阶段最直接的显性指标。合同、采购、财务、管理等，都需要成本。社会经济环境变化、设计变更、质量纠错或返工、进度延误追加资源等等，都会引起成本增加，严重时甚至可能导致工程项目难以支撑，甚至半途而废。

■ 创新：是科技与工业发展的动力。设计、管理、材料、工艺、模块化、机械化、自动化、智能化等的成功创新，将降低工程资金投入，提高工程质量和核电厂运营收益，从而提升项目价值。随着时代的发展，缺乏创新的项目迟早因落伍而被淘汰。

综上所述，核电工程项目的总目标参量可以归类于两大项——质量和成本。质量（尤其设计质量）是核电厂创造价值的必要条件，是基本序参量，是团队协同效应的基本导向参量。成本（包括可以"货币化"计量的工期、造价、创新等）则是充分条件，是"候补序参量"，当它们有助于产生团队协同效应时，就成为序参量；反之，它们将削弱甚至破坏协同效应，对总目标的实现起反作用。

如果工程设定的总目标各参量科学、合理、可行，包括质量、进度、成本等参量都能成为序参量，激发工程团队的协同效应，渐变有序地推进工程终极目标的实现。反之，如果总目标设定不合理，各目标参量可能相互掣肘，不能形成一致的序参量，团队难以形成协同效应，工程总目标也可能变成泡影。

可见，工程决策阶段设定的总目标对整个工程项目的影响甚大。

2.2.3　工程阶段的总目标应聚焦于核电全寿期的价值

工程项目应聚焦于"以全寿期的最低成本，可靠地实现必要的功能"。对于核电项目，就是聚焦于核电厂全寿期（从启动前的准备、建设、运行直至退役）的价值。价值的关键在于核安全与效益。投资方既然为了这个终极成果投资核电工程，代表投资方的业主自然在核电项目全寿期内承担无可推脱的全面责任。

工程阶段只是全寿期的一个阶段。工程项目的价值目标也只是全寿期的"阶段性"目标，其关键是质量和成本。工程质量是核安全的基础，毫无疑义必须得以确保。在工程阶段，质量与成本看似一对矛盾，因为质量管理需要成本。但纵观全寿期，二者又是统一的，因为可靠的质量将提高运营的收益。

管理大师德鲁克说过，企业的目的不是降低成本，而是创造效益。

在设定工程阶段的价值目标参量时，必须同时聚焦于核电全寿期的价值目标。质量不仅是建成核电厂实体系统的必要条件和基本序参量，还是核电厂投运后确保核安全和创造效益的基础，必须放在核心的位置。对成本（包括可用"等价货币"计量的进度等）参量则需要认真分析。如若增加的成本有益于增加全寿期的效益，则宜投之；否则，应当节支。将核电工程管理总目标设定为"建成能长期安全可靠经济运行的核电厂"是合理的。

换言之，投资方在设立工程阶段的价值总目标时，应聚焦于核电厂全寿期的价值。阶段性目标应当服从于全局性目标。

2.2.4 工程类型与总目标参量

项目由量变到质变的进程遵循的是设计蓝图和技术要求。项目所能创造的最大价值，受制于启动前所选定的设计方案。

项目启动后，在质量满足设计要求的前提下，工程所能创造的价值，取决于由序参量导向的项目团队协同效应。

项目启动前设定的工程目标参量，是否能成为序参量，首先与选定的技术路线相关。

如果选定已实现系列化、规范化、成熟的技术路线，由于项目启动前，设计已基本固化，项目团队已积累实施该类项目的丰富知识资产，业主可据此比较准确地设定工程项目的总目标各主要参量，这个总目标就大致可形成项目的"序参量"。但是，由于厂址条件、项目参与方、外界环境等变化都会构成新的不确定性，宜在认真开展风险分析的基础上，设定该项目的总目标参量。在项目实施过程中，某些参量可能因突发风险而失去导向意义，宜适时进行动态调整。

如果选定的是全新的技术路线，即建设示范堆，意味着存在大量的不确定性，需要承担相当大的风险。项目启动前，需要对设计方案和关键重大设备制造进行充分的理论和实验验证，以确认设计方案能够实现预期功能。同时，应当群策群力进行各种风险识别、分析并提出相应对策。考虑风险和资源因素，为关键项预留风险裕量。同时，综合考虑项目总体的不确定性及可能引发的"突变"，提出项目总体合理的期望工期和造价等目标，并设置相应的风险裕量，作为考核目标。这样做，既设定了业主期望的总目标参量，又为总目标中的进度成本等"候补参量"也成为引领项目团队协同的序参量留下合理的调整空间。

至于将已经有投产运行的核电厂作为依托（参考）、但有改进的项目，宜进行事前风险分析，根据改进项以及其他风险（引进新的建造方、外界环境的变化等因素），本着"科学、求实、积极"的原则，设定总目标参量，并适当考虑风险裕量。

2.3 计划指标、考核指标与序参量

核电工程周期长、接口复杂，其建设必然是由量变到局部质变，再逐步积累为最终质变的过程。划分关键重大节点，并设定相应的子目标和考核指标是有效的管理方法。但是应当注意，考核是一把犀利的双刃剑。倘若考核指标符合序参量，则工程建设可乘风破浪、扬帆而行，否则可能乱象丛生、跟跄不迭。

2.3.1 进度计划、节点目标与子序参量

项目启动前设定的总目标参量，能否成为项目团队全程协同的导向（即总序参量），需要在项目实施过程中加以检验或调整。

从系统的角度，对于像核电工程这样长期而复杂的项目，从无序到有序的质变过程宜分解为若干层级，由局部的量变到质变，分阶段的量变到质变，再发展成全系统的质变。总序参量也应当依此分解为若干相应的子序参量，在不同的领域或阶段持续引导项目团

33

队协同效应的发挥。

从项目管理的角度，要把设计蓝图转化为核电厂系统，首先必须制定合理而严谨的计划。工程项目管理计划则以进度计划为纲。专业人员依照设计蓝图，通过分解、综合，再分解、综合，反复迭代，求得工程建设全过程空间与时间的匹配，制定出分级的进度计划。由高层级进度计划不难选择若干关键进度节点。比如，由于核岛工程是项目的关键，往往以核岛主体工程具备开工（浇灌第一罐混凝土）条件，核岛安装具备主设备安装条件，核岛主蒸汽回路具备冷试、热试条件，核岛具备装料条件等，作为关键节点，其他各系统与之配套。同时，将项目价值总目标各参量分解到上述关键节点，作为相应的指标参量。各相关参与方又依照这些指标参量，设定业绩考核指标。

如果关键节点各项指标参量能成为团队协同效应的导向，它们就是子序参量。只要团队遵循序参量的导向，服从"支配原则"，就可以实现工程项目各参与方、各子系统、各阶段的协同，从局部量变发展为局部质变，再进一步完成整体由量变到质变、由混沌无序状态建成稳定有序的核电厂系统。

2.3.2 业绩考核指标——犀利的双刃剑

本章第 2.2 节已阐明，从系统的角度，确认设计与质量是工程项目从无序到有序相变的基本序参量。从聚焦于价值的角度，设计与质量是核电工程交付投产的必要条件，更是创造全寿期价值的前提条件。

遗憾的是，有些工程项目管理对绩效考核指标的重视不足，其排序发生了错位。创造价值的"必要条件"让位于"充分条件"，"基本"序参量让位于"候补"序参量。

工程关键节点的考核指标，一般都直接关系到团队成员的荣誉和经济收益。但是，作为序参量的设计与质量指标，只能在调试、移交接产，甚至运行后才能得到最终的刚性的验证。在这之前，作为实现项目价值"必要条件"的设计与质量的考核指标，大多是过程中的检验监查"柔性"指标，质量缺陷能够被"无意"或"有意"地潜隐下来。作为实现价值"充分条件"的进度和成本考核指标，则是定量的刚性指标。相对于"必要条件"，"充分条件"的兑现更为确定，造成了本末倒置的现象。进度、成本等"刚性"考核指标的压力，往往诱使或迫使利益相关者在质量"柔性"考核指标上做文章，或违反程序走捷径或弄虚作假，甚至偷工减料以蒙混过关。其结果是质量缺陷增加并潜隐下来，或造成返工，甚至成为交付运行后的"不定时炸弹"。其危害之大，不言而喻。

设计需要而且必须经过多次迭代，尽力完善并固化。但工程建设经不起因质量问题而造成的"迭代"，这是对团队协同和有序渐变过程的破坏，甚至可能引发难以收拾的"灾变"。

在设定各项考核指标时，首先务必确保设计和质量的基本序参量地位，同时尽力使其他指标由候补序参量"转正"。一旦后者对基本序参量产生威胁，并明显影响后续指标的完成时，宜适时采取措施或适当调整。对考核指标的"双刃剑"效应，绝不可等闲视之。

2.4 团队协同与支配原理

支配原理，即序参量是在相变过程中，通过子系统的竞争与协同产生出来的参量，对各子系统起着支配作用。

对工程项目，已明确了序参量。需要考虑如何组建一个能够接受序参量支配的团队。只有当工程团队成员具备一定的"同质性"条件时，序参量才能激发并支配团队的协同效应，高效地实现工程系统由无序向有序的质变。这些条件包括团队成员的竞争准入、互利共赢、承诺共同的目标、践行统一的规则、倡导核安全文化等。

2.4.1 共同的团队目标

项目团队各参与方有其上级组织的战略目标，但加入本项目团队的前提条件是，必须同时承诺致力于本团队的共同目标。若两者目标完全相悖，则不可能协同，只能拒之门外。若可以相容，则参与方在本项目的运作中，应服从本项目团队的共同目标。

如前所述，只有序参量才能激发团队的协同效应。对于核电工程项目，序参量是设计与质量以及符合序参量条件、合理设定的工程总目标、计划和考核指标。

如果工程总目标、计划和考核各指标参量相互矛盾，或参与方各自设定目标，形不成团队统一的序参量，团队的协同将无法形成。一旦团队目标完全不可能实现，团队中的成员可能陷入"不值得定律"，即"不值得做的事，不值得做好"。结果出工不出力，团队形如一盘散沙。

合理的、共同服从的工程总目标、计划和考核指标，是形成支配团队协同效应的序参量的基本前提。

2.4.2　公平的准入竞争

竞争是协同的前提。只有根据工程项目需求，经过公平公正公开竞争、自愿加入并获得业主授权方认可的组织，才能成为团队的成员。其基本条件一是承诺在其承担的工程范围内遵循项目的共同目标和统一的运作规则，完成其划定范围内的运作；二是具备完成上述运作相应的资质、资源和信誉；三是在互利共赢的基础上签订具有法律效力的合同。

经过公平竞争甄选出来的参与方，具备接受序参量支配的基本条件。

2.4.3　协同的物质基础

在市场环境下，投标核电工程的各参与方除非有足够的经济实力借此项目进行战略投资外，一般都以生存和经济利益为主要目的，这是十分现实的问题。若是参与方在工程建设中得不到效益甚至无法生存，不仅其建造进度堪忧，质量还可能失控。

在招投标阶段必须清楚，买方承担的实际成本大于采购成本：

买方承担的成本＝采购成本＋管理成本＋风险成本。

对于成熟度很高的参与方，风险成本较低，其报价已包括管理成本，即买方需要承担的管理成本和风险成本很低。相反，对于成熟度低，尤其是新加入的参与方，聚焦于价值的买方将不得不投入额外的管理成本，并承担较高的风险成本。这一点在核电行业尤为明显。最低价中标貌似公平，其实往往把管理成本和风险成本转移到业主身上，业主最终付出的实际成本可能远远高于参与方的"中标成本"。在核电工程建设中，最低价中标方因严重低估管理成本而亏损，甚至终止合同也不鲜见。其结果是业主的风险成本飙升。

为此，需要加强对采购招评标与合同执行（业主或总承建方前后台）的统筹管理。对于关键重大项的采购，由于风险很高，务必严格审查评标标准。

尽量形成合作共赢的氛围，使各参与方在工程建设中"有利可图"，获得公平合理（而非暴利）的经济利益，员工合理收入得到保障，序参量才有支配团队协同的不可或缺的物质基础。

2.4.4 统一的运作规则

工程团队各成员应当无条件遵从统一的规则（法规、合同、质保大纲、工程计划、运作程序等），接受统一指挥和协调。同时应加强参与方各自前后台的协调。努力建设团队各部门、各参与方"各司其职，各负其责，相互协调，相互制约"的运作体系。

2.4.5 赏罚分明的条例

制订团队以序参量（包括子序参量）为基准、以奖励为主的奖惩条例，有利于发挥序参量对团队协同的支配作用。对保障工程安全质量作出贡献者的奖励，对无视安全质量可能造成严重后果的行为采取"零容忍"的惩戒，是实现工程安全以及建造质量"一次成功""零缺陷"的重要保障。

2.4.6　牢固的核安全观

加入核电工程团队的成员尽管有不同的文化背景，但都必须守护核安全文化，树立牢固的核安全观，建立浓厚的核安全文化氛围。

■ 牢记神圣的职责：牢固树立国家安全和人民至上的价值观。核安全是核电人的神圣职责。团队每个参与方、每个员工都是守护核安全的一道屏障。

■ 发扬"严慎细实"的传统：严格遵循法规，从设计、建造到运维，发扬核工业"严慎细实"的作风，筑牢核安全的纵深防御。对于关键重大项，坚持凡事"有章必循，有人负责，有人检查，有据可查"（为了做到有章必循，宜删除相互矛盾或可循可不循之规程）。

■ 营造透明的氛围：鼓励员工尽力发现、揭露、报告各种质量安全隐患和缺陷，使之能"尽早发现，准确定性，快速处理，及时反馈"，营造透明的氛围，尤其对核安全监管当局必须完全透明。只有诚信，才能获得信任。

■ 发扬团结协作的作风：由于项目的不确定性，工程难免出现大大小小的各种延误或返工，致使计划作出适度的调整。依靠团队各成员的团结协作，整个团队就会有足够的适应性和韧性，以确保工程质量，并努力实现工程总目标。

■ 培育工匠精神：培育善于学习、钻研技术、工作一丝不苟的工匠精神。力求各项运作精益求精，准备充分，一次达标。

2.5　项目管理层与哈肯信号

有了明确的基本序参量和基于支配原理组成的团队，系统就具备了产生协同效应的条件。这时还需要的是能够引导系统各成员思维和行动、激发协同效应的信号，这就是"哈肯信号"。"哈肯信号"是管理者（尤其是业主高层管理者）从知识中提炼的、用以指导具体行动的信号。本节拟探讨项目管理者发出正确的"哈肯信号"需要注重的问题，以促进团队密切协同，增强应对各种风险的适应性和韧性，完满实现工程由无序到有序的质变。

■　主人翁精神：管理者不是"各管一段"的"代理人"，他只有以主人翁精神，始终聚焦于项目的最终价值，做好本职工作，才能成为团队协同的核心，适时发出正确的"哈肯信号"。在工程项目管理中一旦发现问题，"哈肯信号"不求"最优"但求"满意"，即高效合理地解决。

■　服务意识：管理学家哈罗德·孔茨认为，"管理是设计并保持一种良好环境，使人们在群体状态下高效率地完成既定目标的过程。"为工程团队成员提供必要的服务、排忧解难，以创造高效完成工程目标的环境是管理者的职责。

■　坚守质量毫不动摇：质量是核电工程的根基，是实现项目从无序到有序质变的基本序参量。管理者以"眼睛里揉不进一粒沙子"的态度对待工程质量，是核电项目"哈肯信号"的基本点。

■ 洞察与判断：维护团队的透明氛围，鼓励"坏消息第一时间上报一把手"，敏锐地洞察实践中问题的端倪，判断面临的风险，博采众长，及时研究防范措施，发出可行的"哈肯信号"。

■ 诚信无价：只有诚信才能获得信任。只有信任才能相互协同。失却了诚信，任何"公关"都无法凝聚人心，团队协同将无从谈起。团队各成员的诚信，是"哈肯信号"激发团队协同的基础。管理者对自身团队、对上级和监管机构，都应坚守诚信原则。

■ 责任担当：发出"哈肯信号"是一种权力，更是一份责任。倘若"信号"有误，造成不良后果，发出者却推脱责任，结果是其再发出的"信号"难以获得团队的信任，难以引导团队的协同，不再是"哈肯信号"。

■ 行胜于言：管理者尤其是一把手的率身垂范，是胜于书面或口头指令的一种"哈肯信号"。当一把手对任何质量缺陷和隐患采取"绝不让步"的态度，一抓到底，下属就会仿效，层层落实，确保工程质量体系的有效性。反之，若一把手对质量缺陷视而不见、轻易放行，质量体系的千里"大堤"，必将"毁于蚁穴"，形同虚设。

■ 应对风险：当项目遇到各种"突变"时，团队各种信息会突增而变得混乱，这时管理者需要"处变不惊"，及时发出经过提炼和加强的"哈肯信号"，引导团队各成员思维和行动，促进协同，提高适应性和韧性，将混乱转化为秩序。"哈肯信号"堪称是危机沟通的"圣杯"。

■ 项目计划和考核指标：项目计划和考核指标属于重要的"哈肯信号"。合理的指标有利于增进团队及其成员的成就感，加强团队协同。反之，不可实现的指标必然造成团队的挫折感，长期的挫折感只能抹杀奋斗和协同的动力。把握好各阶段指标的"度"，适时调整，对团队协同至关重要。

■ 掌握节奏：进度计划与工程实际进程，随时都会发生时间和空间上的差异，需要掌握好节奏，发出适时的调整指令，发挥团队协同作用，充分利用有效资源。

2.6 小 结

如何充分发挥工程大团队的协同效应，以出色完成核电工程建设任务，本章简要介绍协同论的基本概念，会有所裨益。

一是"序参量"，即决定系统由量变到质变的参量。显然，在质量、进度、成本等各参量中，只有"质量完全满足设计基准"，才是工程由混沌无序到稳定有序状态质变的决定性参量，即序参量。这也正是项目实现其价值的"必要条件"。

二是"支配原理"，即组成系统的各元素服从序参量的支配，是产生协同效应的条件。工程大团队应当由接受统一目标、统一规则、统一指挥、服从序参量的成员组成。

三是"哈肯信号"，即能够引导系统各成员思维和行动，激发协同效应的信号。工程大团队管理层发出正确的"哈肯信号"，才能产生 1+1＞2 的协同效应。

决策层与管理层宜慎重设定工程总目标的进度、成本等参量以及业绩考核指标，尽量使之与序参量统一，促进协同效应，而非相反。

第三章

坚守质量　夯实根基

核电要解决"民之所盼"——安全、清洁、经济的能源，首先要排除"民之所忧"——放射性危害风险。今天的工程质量，就是明天的核安全。坚守质量是核电工程项目管理的第一要务。

为何"质量第一"天天讲，质量事件却总不断发生？质量管理难在哪里？需要从源头探究质量的固有特性，研究影响质量管理的主要因素，探索提高核电工程质量管理有效性和效率的路径。

3.1　工程质量的定义

本节将从质量的一般定义，论述工程设计质量与工程建造质量的定义和内涵之异同。特别强调，设计的产品是建造的基准。工程建造质量必须以符合设计蓝图和要求为基准，而工程设计质量只能以在工程交付运行后符合预期功能和价值来验证。

3.1.1　质量的一般定义

质量的一般定义是一组固有特性满足要求的程度。"一组固有特性"指的是供方的产品（包括服务等）的固有特性。"满足要求"指的是满足需求方的要求。质量管理的目标就是提供的产品满足需求方的要求。

工程质量则应包括工程设计质量和工程建造质量。二者定义与内涵既统一又有差异。

3.1.2　工程设计质量

设计工作贯穿核电项目全寿期。设计图纸和文件仅是设计产品的纸质表征。

■　工程设计质量的表述：设计生产的是"工程基准"，以此为基准建造的最终产品，满足对需求方承诺的程度，才是设计质量的衡量标准。"以设计为基准建造"，即建造完全符合设计图纸和文件的要求。"对需求方承诺"，即设计方对需求方关于产品预期功能和最终效益的承诺。

由于设计的表征产品是图纸与文件，而把图纸文件转化为实体系统去创造效益，需要工程和运营团队以设计为基准来完成，才能最终验证核电厂固有特性是否满足需求方的预期要求。

■　工程设计质量的双重要求：一是保障设计提供的图纸和文件的正确性，确保以此为"基准"建造出来的产品能够达到预期功能。二是保障设计图纸和文件的可行性和便利性，确保建造和运维的质量能够做到 100% 符合设计基准。

■ **三阶段设计质量**：工程设计的三个阶段质量包括：市场研究的质量、概念的质量和规格的质量。

市场研究的质量：工程前期设计质量的重点是市场需求的研究质量。这涉及中央与地方政府的政策、电力市场的需求等等，以及选择可能的厂址、堆型和项目推进时机。设计所能提供的只是根据现状提供的项目可行性研究，为决策方提供技术和经济方面的依据。但是，核电项目牵涉面广、政策性强、投资巨大、历时甚长，不确定性甚多，这个阶段设计方只是作为参谋和咨询机构，为项目启动方提供科学、客观的技术和经济依据。至于项目启动的决策权，则在投资方和政府主管部门手中。

概念的质量：对于新堆型或有重大改进的堆型，概念的质量至为关键。概念的创新可能对核电项目的价值产生革命性的影响。商用核电项目概念创新的重点是核安全和经济性的统一，同时解决"民之所盼"和"民之所忧"。按照核电"保守设计"的原则，所有新概念必须经过充分的理论和实验验证，证明完全符合核安全标准，才能进入总体设计。而新概念质量的最终验证，则需要在核电厂投运后一段时期才能完成。

规格的质量：设计蓝图只有通过工程建造，才能使无序状态质变为稳定有序的实体系统。设计选取的规格，既要严格符合国家、行业及核安全相关标准，又要保证资源可获得性和建造方便性，并始终聚焦于项目最终价值。

■ **质量等级**：质量等级是指对用途相同但技术特征不同的产品

或服务的级别分类。核电工程项目系统非常复杂，各子系统、产品链和设备对整体系统的安全性和重要性各有不同，即风险程度存在较大差异。风险越高者，须相应提高其质量等级。同时，质量等级的提高，意味着材料、工艺以及管理等成本的提高。质量等级划分是设计的规格质量的重点，务必谨慎。

■ 工程设计质量的验证：设计质量的最终验证是项目全寿期能否创造其承诺的总效益。对于商用核电厂，总效益等于总收益减去总成本。从广义上说，通过项目全寿期，即从前期准备、工程实施、运行，直至退役的检验，才能最终证明设计的质量。狭义上讲，至少要在工程完成移交和运行初期检验后，才能验证设计质量。

3.1.3 工程建造质量

■ 工程建造质量：交付的核电厂性能满足设计要求的程度。对核电工程建造质量管理的要求是严格遵照设计基准，全部产品100%合格。

■ 工程建造质量的验证：经过完整的工程建设周期，尤其经过总体调试、移交投产和工程担保期运行，可基本验证工程质量。但若潜隐的质量缺陷未被发现，仍可能在核电厂运行后酿成事故。

3.2 工程质量的两大"固有顽疾"

工程质量管理难就难在它的两大"固有顽疾"，一是产品链的合格率不大于其最薄弱环节的合格率；二是质量缺陷极易潜隐而形成

"不定时炸弹"。因此，实行"全面、全员、全过程"的核电工程质量管理，不是一句口号，而是实实在在的必要行动。

3.2.1　产品链"合格率"取决于其薄弱环节

一条由若干环节组成的产品链，其合格率等于各环节合格率的乘积：

$$Q_c = Q_1 \times Q_2 \times Q_3 \times \cdots\cdots \times Q_n$$

其中，Q_c 为产品链的合格率，Q_n 为产品链各环节的合格率。

可见，产品链的合格率决不会大于其最薄弱环节的合格率。即使所有其他环节合格率为 100%，只要有一个环节合格率为零，该产品链的合格率就等于零。美国的挑战者号航天飞机因为密封圈而导致震惊世界的灾难，教训深刻。在工程质量管理上，"细节决定成败"并非虚言。

必须充分重视产品链中的薄弱环节，尤其是重大项产品链，包括：

■　设计对同一个产品链质量等级的划分，不应忽略薄弱环节；

■　设计对同一个产品链中不同环节，尤其是薄弱环节的技术要求（包括检测和运维）应当特别明确；

■　工程建造和运行维修必须严格遵照设计基准运作，不得违章超出设计技术要求的允许范围，否则就可能发生因薄弱环节的断裂而导致的事故。

3.2.2　潜隐的"不定时炸弹"

相对设计基准的任何"不符合项"，都是质量缺陷。

质量缺陷能够长期，甚至在项目全寿期中潜伏隐藏下来，只有在特定的条件下才引发质量事故。这些潜隐的"不定时炸弹"，是对工程建设质量和运行核安全的极大威胁。而质量缺陷又极易潜隐，这源于以下的不良行为：

■ 侥幸心理：以为"小小"的缺陷，"也许"不会被发现，或者"也许"不会造成工程和运行的质量事故。人们常有的这种心理弱点，却是核电工程质量管理的"大敌"；

■ 急功近利：为了赶工或降低成本，未经审批简化运作规程或削减质检要求，甚至变更不符合项等级以避免停工待检或返工；

■ 隐瞒作假：在进度和成本压力下，见利忘义，不顾核安全这一崇高的社会责任，刻意隐瞒缺陷，在质量报告上造假；

■ 偷工减料：更有甚者，竟敢违法乱纪，以次充好、偷工减料，造成极大隐患。

3.3 核电工程质量的责任

核电工程必须始终聚焦于最终价值，即解决"民之所盼"，提供安全可靠经济的清洁能源；同时要排除"民之所忧"，坚持核安全至上的原则。今天的工程质量就是明天的核安全。在工程质量问题上绝不让步，这是核电工程质量管理的最基本的原则。

核电工程的所有参与方，都必须对其业务范围内的质量承担应有的责任。作为核电营运单位的业主，则必须对工程质量管理承担全面责任。

■ 法规层面：我国法规明确："核动力厂营运单位对核动力厂的核安全负全面责任"，包括"确保选址、设计、建造、运行和退役等满足核安全法律法规、标准、许可文件的规定和其他监管要求"。因此，在核电工程建设阶段，业主对工程质量的全面管理责无旁贷。

■ 价值层面：投资方从工程决策开始，在全寿期中始终最关心其投资所能创造的最终价值。在工程阶段，代表投资方的业主，始终关心建成的核电厂能否长期安全、可靠、经济运行，以确保它能担当起重大的核安全责任，并创造长期效益。工程质量则是这一切的根基。毫无疑问，业主必须担当起工程质量管理的全面责任。

■ 业主的全面责任：首先是主导建立覆盖全工程的质量管理体系，并确保该体系运转的有效性。业主制定的质量保证大纲是工程质量管理的总纲，各主要参与方均应遵照执行并制定其职责范围内的具体可行的质量计划，明确各级的质量管理责任。业主应保有对全工程质量管理的主导、监管和资源调配的权限。

■ "一把手"的责任：质量管理取决于"一把手"，是最高决策者的责任。诚如质量管理学家戴明所说，企业产品的品质，不可能高于高层管理人所设定的品质标准。"一把手"对质量的重视程度将决定质量管理体系的成效。"一把手"在质量问题上绝不让步，则各级将层层仿效，构筑牢固的质量保障"长城"。反之，"一把手"对质量问题视而不见或轻易放过，再"健全"的质量管理"千里大堤"也会"毁于蚁穴"。

3.4 设计质量管理原则的思考

核电工程的基本"序参量"是设计与质量，而工程建造的质量标准是 100%符合设计要求。设计无疑是工程建造的基准，是"龙头"。设计质量管理有其特殊性，有别于建造质量管理。

设计的产品是工程建造的基准。

设计决定了工程项目投产后能为投资方创造的最大收益，也决定了工程建设的最低成本。

工程建造质量所能达到的最高标准是 100%符合设计基准，工程建造所能实现的最高工效也首先取决于设计质量。

由于设计质量是建造质量的前提，设计质量管理是工程项目质量管理的第一要务。同时，设计质量管理不同于建造质量管理，其管理原则应遵循设计自身特有的规律。

鉴于设计的市场研究质量属投资方决策的范畴，本节未予涉及。

■ 关注设计概念的质量：创新是科技发展的动力，但同时又带来更多的不确定性。因此，设计在任何概念上的创新和改进，都必须加倍慎重，做好风险管理，包括对数学物理模型和实验的充分验证、专家的评审、仪控检测的增设，以及加强监造、技术状态管理，并在运维中加强监控等，以确保创新的成功。

■ 注重设计规格的质量：按照子系统、子项、设备等在系统中的重要性正确划分质量等级，不能忽视产品链中的薄弱环节。规格的质量既包括规格的合规性和正确性，又包括规格的建造可行性和便利性。

■　科学求实地提供咨询信息：设计方应以总体设计为依据，为投资方判断项目效益、作出战略决策、设定合理可行的工程总目标和计划提供客观科学求实的咨询信息。

■　与工程和运维密切结合：设计要方便制造、土建、安装、调试、运行、维修等项目全寿期各环节。设计为建造和运维提供良好的服务，既有利于增进项目效益，也有利于设计自身质量的提高。

■　总体风险最小化：对于示范堆和翻版改进堆，抓住主要矛盾，除了必需的创新和改进项，设计尽可能选用成熟的标准技术、设备、零部件等。

■　积极推进标准化：推进设计标准化和建造系列化、集约化，这是核电工程质量与经济效益相结合的有利途径。

■　工程启动前的充分准备：在工程启动前，尽可能完成设计固化，在建造过程中，尽可能减少设计变更，并提高变更的工效，将为工程顺利建造创造良好条件。

3.5　建造质量管理原则的思考

建造质量的标准是"零缺陷"，即建造交付物质量不超出设计的"允许误差"。质量缺陷和隐患可能成为系统的"不定时炸弹"。因此，要在工程建造团队努力创造"不想、不能、不敢"留下缺陷隐患的氛围。

3.5.1　核电工程建造质量的标准是"零缺陷"

"零缺陷"并非只是理想的追求，并非要求产品"丝毫不差"，而是要求产品不超出设计给出的允许误差范围。"零缺陷"就是100%符合设计基准，这是建造必须做到而且能够做到的基本要求。为此，核电工程质量管理应努力做到"三不"，即秉持不想留下任何缺陷隐患的工匠精神；建立不能埋下"不定时炸弹"的相互制约机制；执行不敢蓄意掩盖缺陷隐患的"零容忍"惩戒。

3.5.2　不想留下缺陷隐患的工匠精神

"零缺陷"的实现，要依靠团队全员的主人翁精神，弘扬钻研技艺的工匠精神，秉持严慎细实的核工业传统。通过团队成员的自我要求和相互促进，以"眼睛里揉不进一粒沙子"的精神，追求"零缺陷"，即使出现缺陷，即刻报告，适时处理，直至合格。

一味增加检测和监管只能提高质量成本，难以实现"零缺陷"。

成就感和自豪感是主人翁精神的源泉。不切实际、高不可攀的进度成本等考核指标，以及层层加码的监督，往往打击和消磨团队成员的成就感和自豪感，只能在挫折感中得过且过。失去了主人翁精神，不可能有高质量的建造。

努力培育操作循规蹈矩、技术精益求精的大批工匠。坚持所有重要运作的"四个凡事"，即凡事有章可循、凡事有人负责、凡事有人监督、凡事有据可查。没有精湛的技艺和严谨细致的作风，干不出高质量的项目。

3.5.3　不能留下缺陷潜隐的制约机制

完善相互制约机制。各方组织机构的设置原则就是"各司其职，各负其责，相互协调，相互制约"。上下游工序之间、横向组织之间有机衔接。移交方不留缺陷隐患，接收方拒绝缺陷隐患，使缺陷隐患寻不到藏身之处。

核电工程大量接口并非"无缝接口"，而是"搭接接口"，即下游工序在不妨碍上游工序的前提下，宜提前介入，一是做好自身准备，二是检查缺陷隐患。上下游相互协调、相互制约，既实现"零缺陷"移交，又提高工效。

鼓励全员"坏消息第一时间上报"。一旦发现任何安全质量缺陷，不论是谁的责任，鼓励上报，甚至越级上报给"一把手"，以利迅速反应，及时处置。

对核安全监管部门保持完全"透明"。

3.5.4　不敢留下缺陷隐瞒的惩戒手段

对一切有意造成质量缺陷隐患的行为应予严惩，采取"零容忍"政策，包括蓄意隐瞒作假、对举报打击报复、以次充好、偷工减料、屡屡违章操作，以及在现场聚众闹事、扰乱生产秩序等恶劣行为。同时，对于上述行为视而不见甚至予以包庇的管理者，应采取同样的"零容忍"政策，给予严肃处理。

3.6　有效性——核电工程质量管理体系的追求

质量是人干出来的，监督是必需的。随着社会的进步，核安全和工程质量管理日益受到重视。建立真正有效的工程质量管理体系，不能靠简单的层层加码，监管叠加。建议以"有效性"为准绳，认真梳理工程质量管理体系，包括坚持业主为主导的分级管理；对设计和建造等采取有针对性的管理方式；充分利用丰富的经验反馈数据，梳理质量管理的轻重分类；追求各项运作"充分准备，一次成功"。同时，强调团队各方的协同，质量是协同的枢纽，协同是质量的保障，诚信是信任的源泉。在"公平、公正、公开"的氛围中，团队才能协同凝聚在一起，确保工程质量。

质量是人干出来的。人不同于机器，是有情感的。管理的真谛就是创造使员工能高效完成任务的环境。同时，为了防范各种难免的失误，监督是必需的。工程质量管理体系不在于形式的完美或监管的频次，而在于实际的有效性，即工程设计和建造质量能实现对投资方预期价值的承诺。

本节将依据前两节所述质量管理原则，对完善核电工程质量管理体系的侧重点提出一些观点。

3.6.1　质量是干出来的，监督是必需的

质量"零缺陷"是干出来的，监督是"防范缺陷"所必需的，二者有机结合，质量管理才能有效。

既然质量是干出来的，管理要关注于创造让团队成员能高效工作的氛围和环境，保护团队成员的主动性、积极性和主人翁精神。

核电工程质量管理体系不管设置多少层级、编制多少规程、配置多么充分，其核心是"有效性"。如果缺乏"有效性"，只是简单地层层加码频繁监管，既浪费资源，还可能使运作人员疲于应付，

助长其抵触心理，对质量管理反而起副作用。

3.6.2 业主主导，分级管理，各司其职，各负其责

强调业主对工程质量管理的全面责任，并非对工程质量管理大包大揽，而是主导建立工程质量管理体系，并通过有效监管，使质量管理职责真正落到各参建方各级组织各项运作的实处。

■ 业主主导：业主编制的所运营核电工程项目的《质量保证大纲》，是工程项目质量管理体系的总纲。各主要参与方必须依据总纲的要求，针对自身承担的具体工程范围编制质量计划，经业主审核批准后执行。不管此质量计划如何称谓，不能是"放之四海皆可用"的复制品，必须是具体针对其在本工程项目职责范围内的任务、接口和资源，保证所实施的质量控制计划是可检查的、切实有效的计划。

■ 《质量保证大纲》的有效性：以大纲为指引，工程建立明确的全方位质量管理分级负责制。依靠各参与方、各领域、各部门、各级"各司其职、各负其责、相互协调、相互制约"机制，确保业主在工程阶段具有监控全工程质量管理体系有效性的能力。

■ 强调各级管理层的责任担当：对各级负责人赋予工程质量管理相应的责任和权限。业主最高决策人则为工程质量管理第一责任人。

3.6.3 经验反馈，探索更有效高效的质量管理体系

40 年来，我国核电工程质量管理已积累了极其丰富的经验和教

训，并建立了比较完整的质量管理体系。但是，在质量管理体系的有效性和效率方面，尚有不少改进的空间。可考虑在现有质量管理体系基础上，汇聚各方极其丰富的经验反馈大数据，利用大算力、先进算法等信息技术，对于核电工程中发生过的各种质量事件分门别类，进行概率分析，根据各门类建造的质量等级、重要性、复杂性等，以及建造方的成熟度（在该领域的信誉以及专业人才、技术储备、物资供应资源等），选用更有针对性的有效而实用的质量控制方法和工具，并探讨出相应的质量监管分级、力度和方法，形成符合我国核电工程实际、尽可能智能化、有效而高效的质量管理体系。

3.6.4　注重设计质量管理的特性

由于设计生产的是知识产品——蓝图与技术要求，生产的是工程建造的基准。设计质量管理成为核电工程质量管理最关键、最特殊，也是最难以考核的领域，应予单独研究，制定有异于建造的设计质量管理机制。比如强调：

■　设计质量保证：工程建造质量可以用设计蓝图和技术要求作为"卡尺"（基准）衡量，设计蓝图和技术要求的质量却没有简单统一的"标准"。需要建立符合自身设计逻辑的、能保障设计正确性的质量保证体系，不断完善其矩阵式组织机构，形成紧密的相互协调与制约的机制，更加注重设计的知识资产积累、人才层次和专业构成以及创新能力等。

■　技术状态管理：设计质量需要经历工程建造，甚至长期运维才能最终验证。需要特别重视全寿期的技术状态管理，这既是核安全的保障，也是不断创新改进的依据。

■　为工程总目标和总体计划提供科学依据：设计是工程建造的基准。设计提交的工程初步设计与工程量，是设定工程总目标和编制总体计划的依据，而工程总目标与总体计划对工程项目的成败起着至关重要的作用。作为科技工作者，坚持科学、求实、积极的态度提供可靠的数据，供投资方决策参考，是职业道德基本要求。至于综合各种因素作出最终决策，则是投资方的职权。

■　设计创新与改进：既要为设计创新开辟通道，又要为核安全设置门槛。二者是对立的统一。在大力鼓励设计创新的同时，对设计创新和改进需要有特别的质量管理要求，包括设计创新与改进的定义、风险评估、数学物理模型的验证、专家评审、工程监造、质量验证等。

■　推进标准化设计：核电发展的历史证明，标准化设计既是核电技术走向成熟的标志，更是核电迅速发展并能长期安全可靠经济运行的保障。在示范堆获得成功并经过合理改进，尽快推行设计标准化，将促进建造甚至运维的专业化、标准化、批量化、成套化，提高项目的经济效益，促进核电的健康快速发展。对设计标准化也要建立相应的质量管理机制。

■　方便工程建造：作为工程建造的基准，设计的质量还反映在设计满足建造要求和方便建造的能力，包括设计图纸的可建造性、固化和供应时间、给制造方的提资、设计变更、现场不符合项的解决效率等。总之，图纸只有转换成实体系统后，设计质量才能获得验证。发挥设计在工程建造各阶段的协调牵头作用，是设计质量管理的一个组成部分。

3.6.5　建造质量管理的基础——追求"零缺陷"

建造质量管理的基点，是追求建造"零缺陷"产品，而不是监管出缺陷隐患并处理成"零缺陷"产品。

要做到"零缺陷"，需要团队每一个成员对工作的高度责任感。责任感来自员工的主人翁精神、严格的培训和工匠的技艺；来自管理层对员工工作成就感和自豪感的培育和爱护。

主人翁精神，就是教育员工牢记发展核电造福人民的初心，牢记确保国土和人民的核安全责任；

严格的培训，就是要把培训作为一项持久的制度，持续提高员工的知识积累和能力水平；

工匠的技艺，就是要大力提倡操作中的一丝不苟和技术上的精益求精，培养建设社会主义强国的成批工匠；

工作成就感和自豪感是员工积极性的内在动力。在管理层思想教育、创造环境、加强培训、公平考评等方方面面的悉心呵护下，一旦各参与方激发出强烈的成就感，团队就有可能产生"协同共振"，建造出精品工程。

3.6.6　充分准备，"一次成功"

各项工作尽可能"一次成功（合格）"，是同步实现质量、进度、成本等各项指标的关键。在进度和成本计划是科学合理的前提下，

"一次成功"意味着不需要返工、不需要延长工期、不需要追加成本。

实现"一次成功"的关键是"充分准备"，包括图纸、接口、资源、组织、安全质量风险的事前检查等各种准备。核电工程接口宜实行"搭接"管理，即在上游工序移交前，下游工序就在不影响上游工作的条件下提前介入，以做好各种准备，既有利于平顺交接，又有利于自身工作的"一次成功"。

3.6.7 质量是协同的枢纽，协同是质量的保障

核电工程建设依靠的是团队的协同。倘若工程团队能爆发出"协同共振"效应，必将创造超预期的价值。但是，这种协同只能是有着共同目标和共同价值观的大协同，即上下游之间，横向接口之间，相互交接的是"零缺陷"产品。一旦发现缺陷隐患，不是相互推诿、相互扯皮，而是齐心协力，迅速面对、协调处理。这样的队伍，才能具有应对各种不确定性的适应性和韧性。这是工程质量的坚实保障。因此，质量是协同的枢纽，而协同是质量的保障。

3.6.8 信任来自于诚信、透明

在实际操作中，由于人、物、环境的不确定性的存在，必然会出现某些缺陷和隐患。在追求"一次成功"的同时，检查监督是绝对必要的，以尽早发现并处理各类缺陷和隐患，并实现各项作业的"零缺陷"。

揭露和发现缺陷隐患，同样要依靠团队各成员的相互协调与制约，依靠"人民战争"，依靠全员的主人翁精神和力量，而不只

是少数专业人员的监管。有了高度的责任感，万千灵巧的双手才能实现各项作业"零缺陷"，万千双擦亮的眼睛才能发现各类隐藏的缺陷。

培育主人翁精神，鼓励对各类缺陷隐患"尽早发现，准确定性，快速处理，及时反馈"，鼓励"坏消息第一时间上报一把手"，对隐瞒缺陷采取"零容忍"政策，使诚信透明文化渗透到团队所有成员心中。这样诚信的团队才能实现建造成果"零缺陷"，才能获得监管部门的信任，才能获得国家和人民的信任。

3.6.9　设定尽量客观量化的质量考核指标

绩效考核是一把犀利的双刃剑。同是绩效考核指标，进度和成本指标是量化而刚性的，而质量指标往往是弹性且难以量化的。这样的考核容易诱导团队成员过于追求进度和成本指标，而冲淡对质量的追求，或在质量指标上"做文章"，或避重就轻、或以虚代实等，对质量管理形成潜在的负面效应。这是一个极其难解而又必须认真对待的课题。建议从极为丰富的经验反馈数据库中，尽可能通过概率分析和先进的信息管理工具，制定出可量化的质量考核指标。通过剔除那些"造假成本"低的弹性指标，加大客观的、"造假成本"高的、可量化的质量指标的权重，如"一次检查合格率"，第三方（包括下游工序）检查评分等，提高质量考核指标的刚性和可度量性。同时，鉴于建造质量往往在后期调试中才能验证，可考虑项目移交投产时，对质量考核优异者予以重奖。同时，可考虑在质量经常性的考核中设置"扣分项"，对隐瞒虚报等影响建造质量的行为予以惩戒。

由于绩效考核与团队成员的荣誉和经济利益直接挂钩，对工程质量管理影响非常大。建议专门研究有利于核电工程质量管理的考核办法。

当然，前提还是决策方需要设定（或适时修正）可以实现的合理工期作为考核工期，以利在业主的统一指挥下，真正做到不赶工、不抢工、不疲劳作业，始终坚持质量第一的原则。

3.6.10 惩戒蓄意隐瞒——"零容忍"

为了清除"不定时炸弹"，打造"不敢于"隐瞒造假的工作环境，需要显著提高"造假成本"。

对于各种缺陷隐患，无论是谁造成的，首要的是第一时间报告和处置，绝不能使之成为"不定时炸弹"。遇到此类问题，要求相应的责任人认真查找原因，汲取教训，加强培训，杜绝重犯，同时对所有及时报告的行为应予鼓励（包括因失误造成缺陷隐患后能及时上报和汲取教训的相关人员）。员工在安全质量问题上的诚信透明应当受到保护。

对于以下蓄意隐瞒缺陷以至埋下"不定时炸弹"的行为，则必须从严惩处，可逐出团队，甚至依法追究责任：

- 管理者明知缺陷的存在，却视而不见，蓄意隐瞒；
- 对报告缺陷隐患者打击报复；
- 屡劝不改，蓄意违章指挥、违章运作；
- 蓄意在质量报告中作假或掩盖缺陷；

■ 蓄意以次充好或偷工减料；

■ 扰乱建造现场正常秩序，打架斗殴、偷盗闹事等。

3.6.11 鼓励创新，提升质量，提高工效

为了确保核安全和提高工程质量，必须依靠科技创新，以减少因人、机（物）、环境的不确定性造成的失误和缺陷，包括设计概念的创新以简化系统结构；装备制造业的技术革新以提升可靠性和效率；工地现场模块化、机械化、自动化、智能化等施工的创新以减少人因失误和环境影响；工程项目管理的创新以提高安全质量管理的有效性和效率等。创新既有利于提升质量，又有利于缩短工程工期、降低工程造价。

核电行业在推进创新的同时，必须加强对创新项的质量管理，包括决策前的充分验证和风险分析以及在建造和运维过程中的监管。

3.7 小 结

工程质量是核安全的根基。

由于产品链质量合格率不大于最薄弱环节合格率，以及质量缺陷具有潜隐性的特点，加上部分人的侥幸和隐瞒的心理弱点，工程质量管理一直是最为困难的管理领域之一。工程质量更是核电行业管理的重中之重。

设计质量管理有别于一般的产品质量管理。设计的产品是工程建设的基准，其质量包括市场研究、概念和规格的质量。设计，

尤其示范型或改进项的设计质量,只有到产品投产后才能得到最终验证。

核电工程建造质量则需要坚持满足设计基准要求的"零缺陷"管理。

如何使核电工程质量管理体系更加有效和完善,恐怕是永无止境的重要课题。

第四章

防范风险　贯穿全程

不确定性已成为时下最流行的词组。风险就是不确定性的影响。核电工程一直处于从无序到有序的动态过程之中，面对风险、接受风险和处理风险也成为核电工程项目管理的重点。

风险管理不能只作为某一个职能部门的专属领域，而应当落实到工程项目各领域和全过程中，才能保证工程建设的有序渐进，并圆满实现最终目标。

4.1　风险伴随项目始终

风险是不确定性对目标的影响。不确定性的始终存在，决定了判别风险和防范风险是工程项目的常态化管理重点之一。

风险管理的目标不是实现"零风险"，而是"免除不可接受的风险损害"。因此，需要处理好实现工程项目价值创造与免除不可接受风险损害的对立统一。

在工程综合成本中，不仅有直接成本，还必须考虑管理成本和风险成本。

风险是不确定性对目标的影响。不确定性与风险始终伴随着工程建设全过程。

建造质量管理的目的是实现以设计为唯一基准的"零缺陷"，而设计和质量是工程实现向有序稳定系统相变的"序参量"，必须"尽心而为，尽力而行"。

风险是不确定性对目标的影响。既然是"不确定"，就不可能有"零风险"。风险管理的目的是免除不可接受的损害风险，只能"尽心而为，量力而行"。

风险管理与质量管理又是统一的。风险管理是核电工程实现有效质量管理的前提。

4.1.1　墨菲定律

谈到风险，不能不提墨菲定律，即"一切可能的失误必将会发生"（Anything can go wrong will go wrong）。这个定律似乎过于绝对，但是从无限的空间和时间来看，定律完全正确。既然是人能识别出的可能失误，那一定是发生过或者迟早会发生的失误。

可是，这并不等于要人们"听天由命"，任由可能的失误发生。作为管理者，应该也能做到的是"在我的职责范围内（有限的空间和时间），不让这个可能的失误发生，至少不让该失误造成不可接受的损害"。这就是风险管理的意义。

4.1.2 风险的定义

关于风险，比较通用的定义是："不确定性对目标的影响"（Effect of uncertainty on objectives）。有句话说，唯一确定的就是不确定（The only certain is uncertain）。宇宙间的不确定性永远不能穷尽。同样，风险无时无处不在。所以，《ISO31000 风险管理标准》明确地说"组织的所有活动都涉及风险"。

那么，风险管理的目的是什么呢？尽管表述不尽相同，但都强调了"把风险降低到可接受的水平，并持续改进"。这与核行业熟悉的辐射防护 ALARA（As Low As Reasonably Acceptable）——尽可能低的合理的可接受原则，以及安全的定义——免除了不可接受的损害风险的状态，含义都基本相同。

换句话说，由于风险是不确定性对目标的影响，不确定性是绝对的存在，因而风险是"消灭"不了的。风险管理的职责不是消灭风险，而是免除不可接受的风险。因此，"一切事故都是可以避免的""工程绝对安全""无危则安，无损则全"等说法，并不科学。

质量与风险定义不同，质量管理与风险管理的原则和方法自然也不相同。

核电工程建造质量要求"零缺陷"，100%符合设计基准。其前提是设计已正确计入安全系数和允许误差，可保障核安全和项目最终价值的实现。因此，对核电工程建造质量管理必须"尽心而为，尽力而行"。

核电工程风险管理则是尽可能免除不可接受的损害风险，并持续改进，是"尽心而为，量力而行"。

根据工程风险的定义和建造质量的定义，以下两点需要特别注意。

一是建造质量是以设计为唯一基准，设计则是以风险管理为基础。设计必须做到既免除不可接受的损害风险（尤其放射性对民众和环境的损害），又尽力保障系统的可靠性和经济性以提高核电厂的效益、为投资方创造最大价值。

二是根据风险的定义，风险管理就是降低不确定性对"目标"的影响。此处的"目标"（即工程的总目标和总体计划）是否科学可行就成了关键。"目标"及其"子目标"中，除了设计和质量目标是"序参量"不可更改外，进度成本等目标则是决策者设定的。如果设定不合理，识别和分析不确定性对这类"目标"的影响及意义就得打折扣。

4.1.3　风险成本与质量成本

质量成本包括质量故障成本和质量管理成本。随着质量管理成本的提升，质量故障成本将下降。质量管理界有不同的见解。一种认为，到一定程度后，故障成本再进一步降低需要管理成本的急剧提高，因此质量总成本有一个最低值，即所谓的"可接受的质量水平"。质量管理大师克劳士比则认为，一味提高检验和预防成本并不能降低故障成本，需要改变思路，即努力提高员工的责任感（见图5）。这样就可以做到使故障成本降低的速率高于管理成本增长的速率，即质量成本可以一直降低下去，实现相对的"质量免费"。且不论一般质量管理理论孰是孰非，本节述及的，一是核电工程质量对核安全有极端的重要性；二是建造质量"零缺陷"指的是产品不超过设计允许的误差范围，而设计质量已经过充分验证；三是我国核电行业能培育出有高度责任感的员工。核能等高风险建造业不能同意"可接受的质量水平"，应当坚持建造质量"零缺陷"，因为核电工程建造的缺陷隐患可能成为危害核安全的"不定时炸弹"。

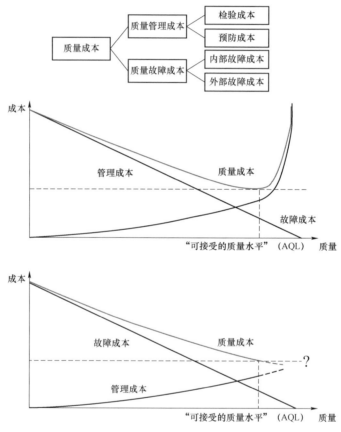

图 5　关于质量成本的两种观点

至于风险成本，虽然可以类似地分为损害成本和管理成本，但不同的是，风险是不确定性对目标的影响。不确定性的存在是绝对的。即使风险管理成本无限大，也绝不可能实现"零风险"。对风险只能识别、分析和应对，把其损害降到可接受的水平。从概念上，风险管理存在"可接受的风险成本"，因此对风险的应对应当"量力而行"。

再次说明，只有经过分项、分领域、分级的风险管理，工程建造质量才能一步步达到"零缺陷"，而工程设计无数次分解、综合、再分解的持续迭代过程，都是设计的风险管理过程，包括对各种风险进行识别、分析、分门别类制定应对措施，并设定安全系数和允许误差作为风险裕度。因此，缜密的风险管理才能使核电工程设计成为工程建造的基准，才能使工程建造实现"零缺陷"。风险管理是核电工程设计与建造实现有效质量管理的前提。

4.2　风险与突变

工程就是由无序状态，通过连续渐变的动态管理，到稳定有序质变的过程。工程的最大风险就是在渐变过程中发生"突变"，致使平衡态失控，陷入难于自拔的非预期"平衡态"。了解突变的基本原理，对于增强工程团队的适应性和韧性，很有启发。

4.2.1　突变的基本原理

上一节已明确，风险管理的目标是消除不可接受的损害风险。在核电工程建设，尤其是运行阶段，不可接受的最大风险是由涉及核安全的"突变"引起的。

岩体失稳"突变"是一个很好的例子。"坚如磐石""稳如泰山"，经常用于形容岩体之稳定。但水电、矿山、公路、铁路、隧道等大型基建最担心的往往是岩体的"突变"——坍塌、滑坡等。半个世纪以前，工程界和岩体力学除了能做些定性分析外，对此颇伤脑筋。1972年，法国数学家雷内·托姆以拓扑学为工具创立"突变理论"（或称"灾变理论"），研究并提出了从一种稳定组态跃迁到另一种稳定组态的现象和规律。几乎同时，我国年轻的数学家也以拓扑学为工具，创造了不稳定块体的定量计算方法，随即应用于某大型地下洞室的开挖并获得成功，几年后发展成岩体工程的基本理论和工具——块体理论，为岩体工程理论和实践作出了巨大贡献。首先，岩体不是均质体，决定岩体稳定的内部变量（状态变量）是裂隙、断层及其间的填充物等。当岩体中块体的内部变量和外部（控制）变量组成的"势函数"到达"临界点"，"势函数"再不连续，块体就失稳，岩体发生"突变"（滑坡、坍塌等），形成不可逆的新的稳定态。倘若在块体势函数趋近临界点前，施加适当的外部控制变量，可能使岩体保持原稳定态。

按照突变理论，动态系统可以用"势函数"表示它所具有的某种趋向的能力。势函数变量分为内部（状态）变量和外部（控制）变量。当动态系统从一个平衡态转为另一个平衡态时，若"势函数"在临界点附近是连续的，则为渐变，反之为突变。

工程系统是一个渐变的动态系统，由阶段性的、局部的量变到质变，逐步完成向稳定有序系统的最终质变。在这个动态系统质变过程中，若其中间过渡态的势函数在临界点是连续的，那么它就是一个渐变过程，仍保持平衡态。但一旦超过临界点，此平衡态将失去稳定，突变为另一种非预期的平衡态，这种突变往往是不可逆的，即"灾难性事故"。

再举一个简单的例子。一堆砖，是无序稳定状态。垒砖砌墙，就是由无序向稳定有序状态的渐变过程。只要按规则操作、质量合格，有序渐变的每一步都处于平衡态。反之，墙体发生倾斜，到达某个临界点之前，它还能保持平衡，来得及处理纠正。一旦超过临界点，墙体就会发生突变失去平衡而倒塌，形成不可逆的无序状态。

4.2.2　突变论的启示

（1）工程阶段的渐变与突变

运行阶段，核电厂已形成完整系统，各子系统相互制约，任何突变都可能影响到全系统的稳定，危害性甚大。

工程建设阶段，是系统由无序向有序状态转化的动态过程。在这个过程中，初期阶段先是各子项、子系统分别由量变到质变，即阶段性地由一个平衡态"渐变"成更高一级的平衡态。也就是说，工程建造初期阶段风险管理的要求是，通过渐变一步步实现阶段性的局部的平衡态；后期阶段则是要求各局部平衡态通过渐变，组合成全局的稳定态。因此，一旦前期阶段发生突变，主要影响到阶段性的局部平衡；到后期阶段，任何突变都可能影响到全局的稳定。所以越是到工程后期，越要加强风险管理，切切不可"赶工"。

（2）工程系统的状态变量、临界点与控制变量

工程是一个复杂的、分阶段、分领域、由无序向有序逐步实现由量变到质变的动态系统。

"突变"指的是平衡状态失控。从这个意义上，可考虑以项目"质

71

量、进度、成本、采购、资源、沟通、相关方（干系方）"等项作为状态变量，因为上述的每个变量都可能导致系统超出临界点而失稳，只是在不同阶段和领域各个变量权重不同。

如何确定"临界点"？问题又回到工程总目标和计划能否成为"序参量"、引导工程系统实现由无序到稳定有序的质变上。如果是的话，就不难推出各阶段和领域乃至全局的"临界点"。如果设定的目标计划与工程实际不符合，依此推出的"临界点"就失真了。在这种情况下，工程总目标和计划的适时调整就成了关键。否则，工程风险管理可能因失去"基准"而走偏、无所适从。

确定了分阶段和分领域以及全局的"临界点"，就可以发出事前风险预警，使用"控制变量"纠偏，使系统（或子系统、子项）回复到平衡态，避免发生突变。

（3）防范于未然

首先，对关系工程全局的状态变量和临界点，以及各关键阶段的局部的状态变量和临界点，需要提前进行识别与分析。

事前研究防范失稳的控制变量及其启用时机和力度，即做好风险应对预案，包括一旦某个阶段或局部发生"突变"，如何防止或减小对下游各阶段和领域的影响。

加强风险管理，增强团队的"适应性"，力争从工程启动开始，各阶段各局部都能防范突变失稳，实现系统由初级平衡态一步步向高一级平衡态的渐变，并最终实现工程由无序向有序稳定系统的质变。同时，培育团队的"韧性"，随时准备应对可能发生的突变，尽量降低突变造成的损害。

4.3 "灰犀牛""黑天鹅"与"大白鲨"

"灰犀牛"与"大白鲨"分别用以比喻大概率与发生过但概率极小的重大风险事件。"灰犀牛"自然是核电工程风险管理的重点，必须全力防范。至于"大白鲨"，在确保免除不可接受的放射性风险损害前提下，应权衡防范成本与项目得失。

4.3.1 "灰犀牛""黑天鹅""大白鲨"与风险管理

"灰犀牛""黑天鹅"等，近来经常被人们用来比喻重大风险。

什么是"灰犀牛"事件？当体型庞大的灰犀牛远离人群，人们习以为常，但当它突然冲来时，为时已晚，事故就发生了。"灰犀牛"就用以比喻可预测的大概率重大事件。"黑天鹅"事件则用于比喻未知的、"意外"的重大事件，如"9·11"事件、2011 年引致福岛核事故的日本大海啸等。但是"黑天鹅"事件一旦发生，就成了"已知的、但难以预测的极小概率重大事件"，又有人称之为"大白鲨"事件。

对于核电工程，无论是"灰犀牛""黑天鹅"还是"大白鲨"，都是涉及核安全的风险，都必须尽力而为，但采取不同策略。

对于追求建造质量"零缺陷"的核电工程，大概率重大事件的"灰犀牛"，自然是风险管理的重点。"大白鲨"是发生过的极小概率重大事件，核电工程也必须要有应对预案，以确保人民和环境免遭不可接受的危害。至于"黑天鹅"，若确实是超出人的认知范围，人

73

是无能为力的。

4.3.2　防范"灰犀牛"是核电工程风险管理永恒的主题

虽然"灰犀牛"是大概率的重大事件，但一般认为系统势函数离临界点还"远"，不那么紧迫，容易被人忽略或以为可以转移风险，其后果往往被严重低估。

以下对"灰犀牛"发展五阶段的描述很有典型意义：第一阶段，否认存在危险，或弱化其危险性；第二阶段，承认危险存在，但采取拖延战术；第三阶段，寻找解决方案时，互相指责推卸责任；第四阶段，变得惊慌失措，不知如何应对；第五阶段，采取行动，但绝大多数行动是在危机发生之后。

米歇尔·渥克在《灰犀牛：如何应对大概率危机》中提出应对"灰犀牛"的策略，值得参考。首先，要承认危机的存在。其次，要定义"灰犀牛"风险的性质。第三，不要静止不动，也就是不要在冲击面前僵在原地。第四，不要浪费已经发生的危机，要真正做到从灾难中吸取教训。第五，要站在顺风处，眼睛紧紧盯住远方，准确预测远处看似遥远的风险，摒除犹疑心态，优化决策和行动过程。第六，成为发现"灰犀牛"风险的人，就能成为控制"灰犀牛"风险的人。

简单地说，对"灰犀牛"的策略就是承认风险，分析风险，密切观察，汲取反馈，准确预判，坚决行动。也就是要尽早防范突变，增强团队"适应性"，在局部势函数还远离临界点时，早已备好防范措施；一旦局部势函数接近临界点，采取坚决"纠偏"措施，尽力恢复平衡态，避免发生突变。

当然，需要根据概率和事故严重度，对不同的"灰犀牛"分别制定力度相应的风险管理措施。

4.3.3 核电工程必须正视并应对"大白鲨"

"大白鲨"虽然是概率极小的事件，但它是已发生过的、可造成不可接受风险的事件。一般行业可能因其概率极小、无法预测发生时间，而防范成本又难以接受，只能采取"听天由命"的策略。核行业不能这样做，千方百计防止"大白鲨"造成对民众和环境的放射性危害是其天职。注意，核行业要防止的是"不可接受的放射性危害"，防止"核安全最后一道屏障"的破坏，而不是不计成本地保障核电厂在此类事件中的正常运行。工程项目要始终聚焦于价值。对于"大白鲨"这种概率极小的重大事件，只能"尽心而为，量力而行"。设计概念的创新是最关键的因素。比如在确保核安全的最后一道屏障上，加一道并联的可靠的"保护链"。如"非能动"安全保护概念，可以说是核电防范"大白鲨"事件的良好范例，它以合理的代价应对核电厂保护电源全部丧失的极小概率重大事件。

简言之，对于"大白鲨"事件，可以采用"弃车保帅"策略——以合理的代价解除不可接受风险。由于它的发生概率极小，绝大多数核电厂在全寿期内都不会遇到，因此目标是以最经济的代价，包括牺牲核电厂自身的经济效益，可靠地免除对人民和环境造成不可接受的风险损害。

至于"黑天鹅"事件，既然这是人类未知的不确定性造成的，自然不知如何防范，只能在坦然接受的过程中，尽量避免或降低项目自身附加的危害。但"黑天鹅"一旦发生，它就变成了已知的概率极小的"大白鲨"事件。

4.4　风险管理必须融入工程项目管理全过程

一直以来，风险管理被列为项目管理的几大领域之一。实际上，应当把风险管理融入并贯穿核电工程项目管理的全过程和各个领域之中，工程管理才能减少不确定性、有效约束不确定性，创造更大价值。

风险管理一直是项目管理的主要领域之一。在 PMBOK 第六版中，十大领域中包括了风险管理。从 20 世纪末，我国各类企业自上而下都大讲风险管理。风险识别、分析、评估和应对；应对风险的规避、降低、转移和接受等策略，管理人员都耳熟能详，并建立了专职的层层风险管理机构。可惜，风险管理没有真正完全地落到实处。有的学者甚至放弃了项目风险管理的研究课题。

可喜的是，自我国自主知识产权的三代核电建设开展以来，工程项目风险管理热度迅速提升，还创建了沙盘推演、风险管理手册等各种实用而有效的工具。风险管理在我国核电工程界开始蔚然成风，有力地推动了我国核电事业的健康发展。

美国的查普曼和沃德所著的《项目风险管理》指出，风险管理不应该"外挂"而应该"融入"项目管理之中。这句话切中要害。笔者认为，PMBOK 把风险管理单独作为十大领域之一，不见得合理。在项目的整合管理、范围管理、进度管理、质量管理、成本管理、采购管理、沟通管理、资源管理以及相关方（干系方）管理等各领域中，都存在风险，若管理不当，都会成为影响项目全局的风险。我国某些高风险行业甚至早就把风险管理作为其项目管理的核心。

4.5 聚焦于价值与"可接受"的风险损害

经济效益和社会效益都是企业的基本价值。对于大概率风险，宜优先考虑尽力防范以创造企业更高效益。对于小概率风险，则应坚持守住"核安全"社会责任的底线。

4.5.1 两大类风险管理

从概念的角度，可以将风险管理分为两大类：大概率风险与小概率风险。当然，这是总体设计需要考虑的。

大概率风险，尤其是"灰犀牛"，既是大概率，又是重大风险，自然是核电工程风险管理的重点。

小概率风险，以"大白鲨"为典型，虽是小概率，但却是灾难性的风险，也是核电工程风险管理的另一个重点。

两者都是重点，但出发点和理念不同。需要统一考虑价值与成本，其中，价值包括了企业效益和社会责任。

4.5.2 大概率风险——聚焦价值

建设核电的目的是为社会和民众提供长期安全清洁可靠经济的

能源，为企业创造效益。核电项目始终要聚焦的价值就在于此。

全球核电半个多世纪的工程设计、建造和运维经历过无数大大小小的风险，人们已经积累了极其宝贵的各类风险概率数据。工程设计就在应对经常发生的大概率风险中不断创新和发展。

应对大概率风险的原则是聚焦于价值，即最终效益。危害性很大的"灰犀牛"，其大概率风险造成的损害对商用核电厂一般是"不可接受"的。这时，基本原则是纵深防御，尽心尽力，防范各种大概率风险，保障核电厂的长期安全可靠经济运行，创造更大效益。

4.5.3 小概率风险——守住底线

核电厂的寿命一般为 60 年左右，而"大白鲨"这样的极小概率的灾难性风险可能是百万年、千万年一遇的等级。以保障核电厂正常运行为原则应对这样的风险，其代价是难以承受的。与此同时，像切尔诺贝利核事故和日本福岛核事故这样的灾难性事故，在我国是绝不允许发生的。这是"民之所忧"，我必防之。对此类风险管理采取的原则是坚决"守住底线"，甚至宁可废弃核电厂资产，也绝不能让放射性危害民众和环境（除非发生核战争等不可抗力和"黑天鹅"事件）。以既保险又合理的成本，建立牢固的、能抵御极小概率的不可接受风险的最后一道防线。

至于其他小概率非灾难性的风险，则应当具体情况具体分析，在守住底线的前提下，优选性价比高的设计方案，并拟订相应的防范预案，包括加强监测、应急停机、停堆、检修、更新设备等，制定明确预警规则，严格执行。即守住底线，量力而行，以合理的最低代价防范风险。

4.6　不确定性与成熟度

　　风险是不确定性的影响。管理成熟度是风险管理能力的表征。对风险的识别、分析和应对能力，即识别和约束不确定性的能力越强，管理成熟度就越高。在核电工程管理中最关键的成熟度是技术成熟度、执行方成熟度和组织管理成熟度。这三个成熟度恰恰与协同学的三个基本概念，即序参量、支配原则和哈肯信号，相当吻合。

　　风险是不确定对目标的影响。项目管理的成熟度提升时，就意味着不确定性即风险的降低。项目管理范围甚广，哪些领域的成熟度起着关键的作用呢？学习航天等领域的风险管理经验，并结合核电工程实践经验教训，归纳出影响工程风险管理最主要的三类成熟度，即技术成熟度、执行方成熟度和组织管理成熟度。有意思的是，这三类成熟度又恰恰与第二章所述协同学的基本概念相契合（见图6）。

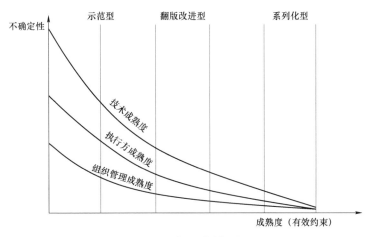

图 6　成熟度模型

协同学第一个基本概念是"序参量"。决定核电工程建设由无序到有序质变的基本序参量是设计和质量。技术成熟度正是取决于设计和建造技术。技术成熟度越高,对不确定性和风险的约束机制越完善,设计和质量就更容易被接受成为工程的基准——"序参量"。

协同学第二个基本概念是"支配原则",即系统各局部接受"序参量"的支配。工程团队是由各执行方组成的。在某种意义上,执行方的成熟度决定了支配原则能否在工程建设中发挥作用,从而形成协同效应,完成工程任务。执行方成熟度越高,其预判和应对风险的能力和适应、韧性越强,服从"支配原则"自觉性越高。

协同学第三个基本概念是"哈肯信号",即工程全系统接受统一的正确的指挥。能否发出这样的"哈肯信号"并为整个工程团队所接受,取决于组织管理的成熟度。组织管理成熟度越高,预判更长远和深藏的重大风险的能力越强,采取风险应对的措施和资源更加丰厚,即更善于发出正确而有力的"哈肯信号"。

如同一支交响乐队的成熟度,主要取决于总谱和分谱(序参量)、演奏员与乐器(支配原则)以及指挥管理(哈肯信号)的成熟度。

4.6.1 技术成熟度

技术成熟度是指该产品在社会、市场上得到认可的程度。包括了产品设计(市场研究、概念和规格的质量)、建造和运维等技术的成熟程度。对于核电而言,在投资方基于产品的市场研究作出决策后,核电工程才开始启动,因此,我们仅讨论工程技术成熟度(包括设计概念和规格以及建造工艺等技术成熟度)。

在第二章述及协同学时，第一个基本概念是"序参量"。核电工程建设阶段的基本序参量是设计和质量，这是核电工程建设实现由无序到有序质变的基准。换句话说，技术成熟度就是工程设计和建造技术的成熟度。在核电工程管理中，技术成熟度起着至关重要的作用，而设计成熟度更是关键。

■ 技术成熟度表现在：该技术的不确定性越少，其成熟度越高。经过实践验证的标准化，意味着该项技术本身的不确定性已在反复验证过程中得到了有效约束，其成熟度更高。

■ 全局性的新概念设计：如果核电总体系统是按照全新的概念设计的示范堆，其不确定性最多，风险最大。即使各关键重大项（系统和设备）都经过了充分的数学物理模型验证，在工程实践中，必然还会出现大量的不确定性，需要设计方不断研究解决，直至全系统经过联调，移交投产运行，才能初步证明整体系统能否达到预期功能的要求。再经过若干年的运行维护，如果最终证明设计和质量满足了设计方对投资方预期价值的承诺，该设计才算成熟。

■ 涉及全局的设计创新：如果示范堆已经获得成功，但为了提高其社会和经济效益，需要进行与全局密切相关的局部重大设计改进，风险管理的重点就转移到该局部概念的验证及其对整体系统影响的验证。同样，到全系统联调和移交投产后，该设计才能获得最终验证，即基本成熟。

■ 不影响全局的局部创新改进：示范堆即使获得成功，也不可能十全十美，在工程建造和运维阶段还会发现不少值得改进之处。所以，示范堆投运成功后，设计方会依据经验反馈，提出局部创新改进。但是，设计的任何变更都会涉及相关联的设施或系统，必然存在不确定，甚至可能造成局部的挫折或失败。所以，对于所有的设计改进，都需要列入专项风险管理。

■ 建造过程中的设计变更：工程阶段设计变更的数量是设计成熟度的衡量标准之一。示范堆设计固化晚、设计变更多，这是必然的。同时，作为工程建造基准的设计，其任何一项变更都是一个风险点，都必须依据"保守设计"的原则，经过充分的论证，并纳入设计技术状态管理。

还需要指出，工程建造过程中，除非能证明是涉及核安全或能带来巨大经济效益，否则不允许做任何重大设计变更，原因就在于它会带来诸多不确定性，即更大的风险。

■ 建造技术创新与改进：在我国核电大发展的今天，核电工程建造技术创新已十分迫切。上万人集中在一个工地辛勤劳作，与现代化很不相称。尽管任何创新与改进都有风险，但广义的风险包括了机遇。建造技术的创新与改进不仅仅是为了节省宝贵的人力资源，更可以减少人因失误、复杂接口和相互干扰，有利于保障建造安全和质量。大力提倡建造模块化、机械化、自动化、智能化，在我国核电工程建设中大有可为。当然，每一项技术改进，都必须经过严格的验证后才能推广。

■ 大力推进系列化、集约化、标准化：标准化的水平是技术成熟度的重要标志。标准化不能一蹴而就。从系列化、专业化、集约化的实践过程中提炼出来的而不是主观推行的标准化，才是真正能推动生产力发展、有生命力的标准化。

■ 技术成熟度的提高：示范堆一旦成功，该设计的技术成熟度就会有十分显著的跃升。随后成熟度将在逐次改进中不断提高，并逐渐形成完整的、成熟的标准化型号。

4.6.2 执行方成熟度

工程系统实现由无序到有序的质变，靠的是组成工程团队的各执行方的协同，即相互协调、相互制约。任何一个执行方，尤其关键重大项的执行方偏离序参量、违反支配原则的行为，都将对全局产生不良影响。

■ 执行方的成熟度表现在：对其所承担领域的不确定性的约束能力，即预判和应对风险的能力越强，成熟度越高。在所承担领域具备的资历、相应的专业知识资产（包括从事该领域必要的技术、流程、计划和程序等）、资源（人力、装备、资金等）以及信誉，将决定执行方的成熟度。成熟度越高，合同双方相应的管理成本和风险成本就越低。

新加入核电的建造方往往有个认知误区，以为我国核电发展是一块很大的"蛋糕"，加入核电工程可以有很好的效益。其实，核电是一个资金和技术密集型的产业，40 年来，我国已建成和在建的核电机组也不过 60 多台。加入核电不仅门槛高、周期长、要求严，更需要花费相当高昂的管理成本，以建立和维护与核电工程项目相适应的管理组织、计划、资源、规则和程序等。新执行方往往严重低估管理成本，以至于有些执行方或者因资金不足被迫自行退出，或者因无法满足工程要求被买方强制终止合同，造成

"双输"的结局。

■ 招标评标原则：招评标应当全面考虑合同项的综合成本，以求"双赢"。合同项的综合成本＝合同价＋买方管理成本＋买方风险成本。若执行方成熟度低，为了确保工程质量，买方不得不加强对该合同项的质量管理成本（预防和检验），同时该合同项的风险成本（风险损失和风险管理成本）也增加了。因此，招评标时应以综合成本为基准，谨慎制定评分标准。对于工程关键重大项，应提高"成熟度"分数的权重，优先选择成熟度高的执行方。尤其对于高风险、低成本的项目，更应选取成熟度高的执行方。对于非关键重大项，按照合同项的风险，宜综合考虑成熟度和投标价，在评分标准中作出明确规定。对于风险小的合同项，则宜公开招标，选合理低价者中标。

■ 提高执行方成熟度的路径：执行方成熟度的提高是一个循序渐进的过程，不可能一蹴而就。尤其是初次进入核电行业的执行方，不仅需要建立适应此行业的一整套组织和管理体系，对其合同范围内的各项运作进行全过程的风险推演，做好风险应对预案，还需要加强对员工的培训并倡导核安全文化。此类合同宜提前签订，给新执行方充分的准备时间。培养能胜任关键重大项的执行方是一个漫长甚至痛苦的过程，从学习到参与到执行，从配角到主角，从单项的局部到完整的单项，从非关键重大项到关键重大项，逐次渐进。新执行方只要能建立起一整套适应核电的管理体系，并在首次实践中得到有效运用，其成熟度就能得到明显的提升。

■ 工程团队各执行方的协调：工程团队虽然是一个"临时"组

成的团队，但需要在"支配原则"下相互协调和制约，才能产生强大的协同效应。若执行方成熟度高，且曾长期共事，不难产生协同效应。反之，业主和总承建方既需要加大对成熟度低的执行方的管理力度，又需要加强对各执行方之间的协调管理，以老帮新，以新促老。某个执行方"掉链子"，可能影响工程全局。

4.6.3 组织管理成熟度

组织管理成熟度，包括业主和总承建方组织和管理同类工程项目的能力和水平。

■ 业主方与总承建方的关系：业主方和总承建方同处于工程大团队的核心层，起着引领和指挥工程全局的作用。

业主方代表投资方利益，是核电项目的营运方，承担核安全的全面责任。在工程建设中，业主方始终聚焦于项目的价值，努力取得系统外相关方的支持，掌控全局和资源。业主方委托总承建方直接指挥团队各执行方的运作。

业主与总承建方的关系不仅是合同关系，更有一层紧密的委托与信任关系。总承建方大多是专业化组织，直接管理和指挥着团队各主要执行方（尤其设计与主要建造方）的运作。在某种意义上，业主方是"老板"，总承建方是老板委托的"管家"。前者注重工程全局和资产，后者注重工程执行和成效。前者主要任务是工程宏观决策和有效监督，后者是直接管理和指挥调度。二者的互补，反映工程团队的组织管理成熟度。二者的合作，才能发出正确的"哈肯信号"。

■ 组织管理成熟度表现在：对该项目的不确定性和重大风险的预判越深远、应对重大风险的措施越得力，其成熟度越高；业主方和总承建方责权利划分明确，能形成协同互补效应，引领工程团队通过有序渐变实现工程目标。

既然业主方和总承建方都是合作互补的关系，如若总承建方成熟度高，即使业主方是新组建的，只要善于学习，其成熟度也能迅速提升。如若总承建方成熟度不高，因涉及较宽领域的专业化能力，需要得到业主方的支持与协助，其成熟度的提升至少需要经历一个工程周期。需要指出，对 P&D＋B 合同，设计在总承建方起着"龙头"和协调牵引作用，其成熟度的提升需要更长期的积淀。

■ 业主方成熟度表现在：对工程项目具有良好的总体意识和布局能力；对工程全周期内外风险的预判和应对能力；与总承建方的责权分工明确；工程目标、计划和考核的设定合理；关键重大项方案和采购的审定到位；对总承建方运作尤其是质量管理的监管有效；资源调配及时；与外部相关方协调通畅；工程项目移交把关严谨。实现上述几点的前提是投资方赋予业主与其承担的责任相符的权限和支持，使之有足够的施展空间和回旋余地，为投资方创造最大效益。

■ 总承建方成熟度表现在：作为专业化的组织，其组织管理成熟度取决于它从事本行业的资历；知识资产（包括技术和规章制度程序等）的积累；掌控资源，尤其是在工程建设中起"龙头"作用的设计资源的能力；协调团队来自各方的成员协同作业的能力以及与业主方沟通的能力。

4.7　以工程的最低风险实现项目的最高效益

不论选择创新型还是成熟型项目，工程投资都是在"制造"风险，重点是如何聚焦于创造最大价值，把总体风险代价降到最低。

4.7.1　工程风险与效益的综合考量

风险与机遇共存。投资工程项目既有风险，也有机遇。换句话说，投资工程就是在"制造"风险，目的是求得更大的效益，以增强投资方抵御风险的能力。这就决定了工程投资的基本原则是以工程的最低风险实现项目的最高效益。

实现上述原则有两条基本途径，一条是选择风险最小、最稳妥的路径，即选择标准化、成熟度最高的技术和执行方以及成熟度高的组织管理方式（如现有厂址的扩建等）；另一条是选择可能创造更高效益而风险大的创新之路，即采用经过充分验证可以创造更大效益的创新技术，或使用新执行方或新的组织管理方式。风险与机遇共存，投资方可根据其自身的愿景、战略规划、风险偏好和承受能力自主选择。

在总体设计方案的决策上，投资方及其授权的业主方大有作出选择的机会和能力，或者完全避开风险、拒绝投资，或者决定投资，选择不同的路径"制造"工程风险并争取与此相应的预期效益。

只要决定投资工程项目，不确定性即风险就不期而至。重点就要放到如何把风险降到最低，以实现最高效益。防范和应对风险便成了工程项目管理的主题。

4.7.2　局部性风险与全局性风险

　　风险在系统内能够传导、叠加，甚至产生叠加共振而引发"突变"，造成不可接受的损害。有一点很清楚，即项目全局风险大于各局部风险之和。比如，将成熟度低的新技术交由成熟度低的新执行方运作，就有可能形成风险叠加，当该叠加的风险处于关键路径，还可能造成风险叠加共振，引发工程有序渐变进程的"突变"。

　　为了实现总体风险最小化，在选择创新或改进方案（"制造"风险）时，一是要求各局部尽量做到风险最小化；二是从总体考虑，尽量避免造成各局部风险的叠加，尤其杜绝叠加共振的发生。对于已由投资方决策必须承担的风险，应尽早识别分析该风险的传导和叠加机制，加强防范。

4.7.3　管理者应关注局部性风险叠加造成全局性风险

　　各级管理者不能只关注其下属报告的主要风险，而是要站得更高看得更远，站在本领域高处关注各局部风险的叠加、相邻领域传导过来的风险，并预测后续阶段的风险。团队决策层更应当聚焦于项目全寿期的价值，关注工程的总体风险，包括系统各领域各阶段接口风险、叠加风险以及系统外因素造成的风险。

4.7.4　工程建设中尽量避免发生风险叠加

　　■　设计尽量采用成熟的规格：在确保实现预期功能的前提下，除了已决策的必要的设计创新和改进项，宜尽量采用成熟、标准化的系统、子系统、设备、部件、材料、工艺等，尽可能把不确定性降到最低水平。同时，宜增加创新和改进项的监测数量和频次，以便及时发现和处理风险。对关键重大项采取合理的隔离或保护措施，以切断发生风险叠加的传导路径。

■ 采购：在不影响战略布局的条件下，关键重大项尤其是技术成熟度低的关键重大项的采购，尽可能选用成熟度高的执行方，避免发生风险叠加导致管理失控。

■ 进度计划：核电工程各类接口数不胜数，建议采用关键链法编制进度计划，为高风险关键重大项的活动时间预留风险裕度，合理安排相应上下游工序的"搭接"接口，尽量避免风险叠加。

4.8 风险管理工具

近年来，风险管理在我国核电工程界受到了高度的重视，大量风险管理工具的创造、改进和运用，取得明显的成效，令人欣慰。本节列出各同行单位经常使用和创建的风险管理工具，希望在借鉴应用过程中不断有新的创造和改进，继续为中国核电工程风险管理闯出独具特色的新路。

不确定性是风险的来源，施加有效约束就是风险的防范。工程风险管理大体可以归结为两部分，即减少不确定性和增加有效约束：一是依靠信息的积累、分析和应用以减少不确定性；二是依靠针对性的防范措施以增加有效约束。

以下将对我国核电工程行业行之有效的风险管理工具，进行简单的梳理。

4.8.1　综合性风险管理工具

（1）同行评估

10 多年前，中国核能行业协会借鉴国际核电运行同行评估的经验，创造了独特的核电工程同行评估，制定了《核电工程建设管理业绩目标与评估准则》。此后，几乎每年都组织业内专家对若干核电工程管理进行评估。

同行评估是覆盖工程项目管理各领域的全面评估。受项目组织管理方（一般是业主）邀请，中国核能行业协会组织各相关单位具有丰富经验的专家们，在工程启动前或过程中的某个关键节点对受评方工程管理进行比较全面的评估。通过对工程各领域的调研以及同行间的信息交流，识别该项目管理存在的薄弱环节、风险，提出相应的改进建议。

这种评估有助于受评方管理层掌控项目全局面临的风险，也是同行之间汇聚交流核电工程管理信息的难得机会。

（2）沙盘推演

2014 年，福清核电"华龙一号"在主体工程开工前的工程管理评估中，首次运用"沙盘推演"工具，比较深入地探讨了某些关键重大项全过程的风险和应对预案，取得良好成果，受到与会者的一致好评。自此，沙盘推演方法很快在核电工程界获得广泛的应用和推广。这是我国核电行业对工程管理的一项创新。中国核能行业协会也为此拟订了《核设施工程建设沙盘推演实施细则》。

沙盘推演是工程团队的综合性风险管理工具，既有利于某项目风险（可大可小）的预判和防范，又有利于团队的协同以应对风险。它的应用十分广泛和灵活。

沙盘推演的目的：

■　集思广益：识别、分析和评估完成该项目面临的各种风险，提出应对预案；

■　协作共商：项目各相关参与方参与推演，使各方都明了面临的各种风险，明确各自在应对风险中的职责；

■　沙盘推演后形成报告，经批准后，即为该项目的风险管理执行规程。

沙盘推演的原则：

■"实战"推演——聚焦于完成该项目全程风险的研判和防范；

■　充分准备——推演前，主管方指定主持人，指导专业人员做好充分准备，按该项目关键节点或领域提出初步推演内容和步骤；

■　团队协同——项目各主要参与方负责人和技术负责人参与推演，共同研判和防范风险，相互理解，分工协同；

■　集思广益——推演过程中，只针对风险研判与防范，与会者人人平等，知无不言，对事不对人；

■　推演成果——归纳出该项目主要风险项、风险临界点、应对预案、各参与方责任与分工，整理推演记录；

■　推演报告——撰写报告，经授权机构审批后发各相关部门施行。

沙盘推演可分为事前、事中和事后推演。事前的沙盘推演，有助于对项目风险的识别、分析、评估和应对预案的准备，做到防患于未然。事中的沙盘推演，有助于风险发生初期对风险的准确判断和协同应对，尽量避免突变的发生，提升团队的适应性和韧性。事后的沙盘推演（复盘）有助于风险过后的经验反馈，丰富知识资产，防范同类事故再次发生。

主体工程正式开工前，业主方选择恰当的时间，对涉及风险的关键重大项，请总承建方、设计方、主要执行方等共同进行沙盘推演，对工程全局组织管理最为有利。这种推演既有利于组织管理方对全局的风险有更全面的了解，科学合理设定或调整工程总目标和计划，也有利于该项目建造方理解它在工程全局的各项接口和职责。

在工程进展到组织管理方认为风险较大的某个关键节点时，进行专项的沙盘推演，则有利于汇聚各方专家的经验和智慧，提前防范风险。或者当工程面临逼近的"灰犀牛"风险时，请相关专家和团队共同参与推演，集思广益，则可能通过团队增强"适应性"，避免工程有序渐变失去"平衡态"而发生突变。倘若工程进展已发生突变，原计划无法执行，进行沙盘推演也不失为汲取教训、判别和应对面临的风险的工具，也是据以科学调整目标和计划的工具，有利于凝聚团队、重振旗鼓。

其实，沙盘推演无非是群策群力，预判风险，分工协作，制定预案，付诸行动。至于沙盘推演的具体形式、流程、方法和内容、范围等，中核集团、中广核集团、国电投集团等所属企业对沙盘推演都有各自的改进和贡献，令人欣喜。

（3）经验反馈

风险管理信息的最丰富的来源是经验反馈数据库。各行业都十分重视信息反馈。从数据的去伪存真到信息，从信息的去粗取精到知识，从知识的分门别类到知识资产。随着数字化技术的迅猛发展，上述转化正朝着智能化方向加速。

核电有 40 年积累的庞大的经验反馈数据作基础，运用 GPT 等先进技术，也许管理者可以随时在工程每一个阶段，明了相关领域曾经发生的各种风险和应对措施。这对工程质量和风险管理都会产生重大影响，相信这一天的到来不会很远。

（4）风险管理手册

靠少数专业人员闭门钻研风险管理只是雕个"花瓶"，风险管理只有融入工程管理的各个领域和工程团队各成员的实践中，才能开放出绚丽的花朵。风险管理不能高高挂起，最重要的是真正落地。让广大管理者和员工在开展每一项业务前，就有实用的工具以预判并防范可能的风险，这正是《风险管理手册》的作用。

国核示范工程在建设期间，利用收集整理到的经验反馈编写了《风险管理手册》，很有意义。然而，它提供的只是一个"平台"的展示，需要各企业不断加以改进并充实内容。

4.8.2　识别性风险管理工具

（1）TOP10 管理

不少核电工程项目管理机构已经将 TOP10 编成执行程序，作为常态化的风险管理工具。其实，30 年前，大亚湾核电站就已将"提请领导关注的问题"，列入月度工程进展报告。这是 TOP10 的原型。管理人员越是高层，越是关注风险。所谓"问题导向"和"风险导向"语义相近。现在的 TOP10 是工程风险管理向深部和广部的延伸。这是风险管理在核电工程界蔚然成风的好现象。

自下而上，各级管理层都要定期研判本阶段、本领域存在哪些风险，这些风险不仅是下属所判别和正在应对的风险，还要包括管理层判别的本领域存在的叠加风险或总体风险。逐级上报，高层要站得更高看得更远，防范更广阔空间和更长远时间的风险，包括系统外引致的风险。

（2）高风险项检查清单

核电工程有不少高风险项，如调试阶段各种设备已基本连接安装就位，任何闪失都可能造成安全质量的风险叠加，因此每次作业前必须填写安全质量风险检查清单。检查清单列上各种可能（即使是极小概率）的风险，作业负责人必须一一检查，并对本项作业可能有的风险提出相应的应对措施（包括提出警示）。这样做，一是对存在的风险采取防范措施，二是警示可能的风险，三是提高员工的风险意识。凡是高风险项目，宜建立此类不耽误工效的、简明的检查清单制度。

（3）高风险作业规程

政府部门和行业机构颁布的各类高风险作业规程，都是血的教训换来的，必须不折不扣地执行。对违章作业、违章指挥，一律采取"零容忍"原则处理。

（4）关键节点评估清单

有些企业在核电工程进入某个关键节点前，制订相应的评估检查清单，不仅列出达到该节点的所有"必要条件"，还列出达到该节点创优的"充分条件"。这又是风险管理的一个创新。前者只是该节点"可以"开始的必要条件，而后者则纳入了防范后续风险的充分条件，聚焦于工程全局总目标。上游节点不仅不应给下游运作留下风险，还应当为下游节点排除风险并创造有利条件。建议考虑对诸如"主体工程正式开工""核岛主设备安装开始""冷试开始""热试开始"等关键节点，都制定类似的简明的评估清单，既避免眼前运作出现风险漏项，又有利于工程全局运作顺畅。

4.8.3　防范性风险管理工具

（1）专项协调机制

专项协调机制是我国工程管理的一大优势。在市场环境下，工程管理当然要讲究按合同办事。但是，对于核电工程含大量不确定性和千万个接口的复杂项目，竖向的"精益管理"模式必须与横向的"敏捷管理"模式有机结合，激发大团队的协同效应，才能完满实现工程由无序向稳定有序的质变。尤其涉及多个参与方的风险管理，每一方发生的风险都可能传导到另一方，并发生叠加，甚至导致系统的突变。横向的协调十分重要。沙盘推演有利于这种横向协调。

对于某些高风险的关键重大项，可考虑适时建立协调各主要参与方的专项协调小组。该小组一般由主导方的一名负责人主持，各主要参与方的相应负责人参加，定期开会。会上，各方汇报进展情况，研究存在的问题和应对措施，协调任务分工和完成时间，形成文件。如此循环直至该专项结束。

这种专项协调机制尤其在迫近风险临界点、平衡态可能失稳时，更能起到增强整个团队应对风险的适应能力的作用，使工程有序渐变的进程不致发生断裂。

（2）应急管理机制

对于核电工程建设，应急管理一般指的是工程建设的有序渐变进程发生突变，致使平衡态遭到破坏，发生"坠落"时的应对管理。本章第 4.3 节叙述"灰犀牛"风险时，已叙述其应对策略。应急管理机制是对管理层责任心、工程团队的诚信和韧性的真正检验。

一旦工程出现某种突变，必须第一时间上报最高决策层，启动应急机制。由高层担起责任，直接指挥应急组织。此时最忌讳的是先"追究责任人"和互相推脱责任，最需要的是面对和接受现实，追究根本原因，采取措施，杜绝风险扩散，尽力稳住事态，使之暂停在临时的平衡态。然后抓紧时间准确定性和制定措施（包括临时措施），一步步解决问题，并认真做好经验反馈，汲取教训。

4.8.4　风险意识的持续培育

除了对管理人员和员工分别进行必要的培训外，最重要的是让风险管理工具真正落地，使每个管理人员和员工从事每一项运作时，在事前、事中和事后，都保持清醒的风险意识，这是保障工程安全和质量的良好基础。

有的企业还将发生过的重大风险事故以发生日期命名，在培训和工作中经常提及，定期在内部网站上进行宣传，以示警诫。类似的"警钟长鸣"的做法值得仿效。

4.9 小 结

在核电工程建设全过程中，风险无时无处不存在。风险管理不应当是项目管理体系外加的一个领域，而应当是融入项目管理全过程中。

工程建设需要的是有序渐变的过程，避免发生"突变"，是风险管理的重点。

工程风险与技术成熟度、执行方成熟度和项目组织方成熟度密切相关。在关注提高成熟度的同时，需要依靠工程大团队的协同效应，增强应对风险的适应能力和韧性。

工程建造质量管理的标准是 100%符合设计基准的要求，必须尽心而为，尽力而行。风险管理的标准则是免除不可接受的损害风险，必须尽心而为，量力而行。

对于核电工程，凡属于大概率影响核电厂正常运维的风险，必须尽力防范之，但是对于小概率风险，在确保不发生对民众和环境造成不可接受的损害的前提下，其防范措施宜综合考虑风险防范的成本效益比。

近些年来，我国核电工程界对风险管理日益重视，并创造了丰富多样的、有效的风险管理工具，使风险管理落了地，对中国特色的核电工程项目管理体系的建设作出了有益贡献，十分可喜可贺！

随想录——对我国核电工程
项目管理一些问题的思考

半个多世纪以来，我们为中国核电事业的发展争议着、探索着、奋斗着，坚持不懈地走过漫长又充满荆棘的不平之路，终于成就了今天的大好局面。回首这段历程，思索经验教训，能否构思出更符合我国实际的核电工程管理体系？显然这绝不是少数几个人所能做到的，需要大家集思广益共同努力。经历在核电行业的几十个春秋，笔者经常边思考、边动笔，整理出这份随想，仅是投石问路而已，希望能引来同行们的真知灼见。

关于公司治理

公司治理是很大的课题，却又是做好工程项目管理的重要前提。

40年前，我国核电发展曾有过自主与引进之争。各执一词，皆能行通；结果是互补协作，殊途同归。

当年大亚湾核电引进外国技术时，引进的不仅是现代核电技术，也许更有示范意义的是引进了现代核电工程和运维技术管理体系，以及公司治理结构和管理体系。这些引进的技术管理体系和规程，已形成了现今我国核电技术管理的基本框架和"底子"。引进的公司治理体系，在广东核电合营公司和岭澳核电公司（岭澳核电一期）得到了成功的应用，但随着企业规模迅速扩大和国有企业改制等因素，形势发生了很大变化，这套治理体系似乎有些"水土不服"，尚待改进，以形成具有中国特色、真正完善的核电公司治理体系。

一、大亚湾核电建设时期

大亚湾核电项目业主是中方与港方（当时香港尚未回归）合资的广东核电合营有限公司，这是当时国内最大的合资公司，采纳了国际通行的公司治理结构，签订的合营合同和制订的公司章程是合营公司各项运作的基本"大法"。这两份文件十分严谨，是公司所有规章程序不得违反的基本依据。

这种公司治理结构的基本构架是"董事会授权范围内的总经理负责制"。董事会是公司的最高决策机构，董事长和董事人选由投资双方依据合同派遣。在工程建设期间，董事会坚持每季度开会，合营公司管理层必须在开会一周前提交各种报告文件，供董事们审阅。董事会是离线的，不干预公司的日常管理。在线的管理层——总经理部则必须执行董事会的各项决议。

公司基本文件中，最重要的是《各级管理权限的规定》，它明确了公司分级授权的原则，对以下六大项内容确定分级授予的具体权

限：公司政策、重要协议和授权；组织机构和人员；财务计划和预
算、会计账目、银行业务、保险、支付；财产处理；工程计划、报
告；签订合同及采购。每一项规定都注明源自《合营合同》和《公
司章程》的哪项条款。

有了《各级管理权限的规定》以及《公司政策手册》《合同与采
购手册》等基本文件，各级均编制了相应的运作程序，整个公司就
像一个系统完整的相互制约的机器，员工只要严格按"铁路警察各
管一段"做好本职工作，机器就自动运转了。

在引进现代管理过程中，我们也不得不付出一定的代价。当时，
国内承建方基本上都未经历过这样严格的按合同和程序运作的管理
模式。有的业内强悍的施工队伍签了分包合同，刚一进场，还没有
"吃透"程序和技术要求，就摩拳擦掌，凭着以往施工的"经验"大
干快上，结果干完一项工作，近乎一半都不合格，只得返工。其承
担的合同范围内项目进度一拖再拖，并严重延误了工程总工期，虽
经有关各方一再努力，最后还是没能摆脱其分包资格被取缔的命运，
只能为外国承包方提供劳务。

从公司的各级管理权限规定可以看出，公司对其资产的高度重
视，还按照"不敢贪、不能贪、不想贪"反腐的要求，专门设立审
计部。进行审计时，首先查看有没有规章程序，程序是否符合公司
基准文件，再查看是否按程序运作，若发现不符合项，责令纠正。
由于董事会定期听取审计报告，引起公司各级管理层对审计工作的
高度重视，也造就了当年大亚湾核电工程廉洁的形象。后来，笔者
（曾任公司副总审计师）在向国家总审计署领导汇报时，归纳出"四

个凡事"，即"凡事有章可循，凡事有人负责，凡事有人检查，凡事有据可查"。

大亚湾核电全景

引进现代公司治理结构和管理体制，对于大亚湾核电工程循序渐进的成功，无疑起到了重要的作用。

这种公司治理明确了决策层和管理层的权限与责任，采取分级的"瀑布式"管理，很适合于成熟的系列化工程项目的管理。但是，这种看起来很完美的现代管理体系，其实也有许多弊病。最大的问题是缺乏横向沟通，也就是制约有余，协调不足。一旦某项程序缺漏或出现矛盾，该项运作就可能停摆，一直等到新的程序正式颁布后才能执行，否则，过不了检查部门这一关。部门之间存在"壁垒"，难以沟通，甚至影响工效。比如，承担技术服务的工程与生产两个部门虽同属于一家外方公司，却经常互不通气，以至于工程竣工后，该工程部门留下整整 7 个集装箱未经整理的资料，尚未移交就撤离了，生产部门无法整理和接收。这些宝贵的工程信息只能白白扔掉了。更令人难以想象的是，大亚湾核电工程竣工后两三年内，由于边交接、边改造，以及沟通移交不畅，竟然没有一份实时而完整的总平面布置图。

二、岭澳核电一期建设时期

1995 年岭澳核电公司成立，这是一家国有企业，努力在消化大亚湾核电引进的现代管理体系中，揉进了中国元素，坚持自主化管理。

同样是"董事会授权范围内的总经理负责制"，但董事会里没有洋面孔，而是由中方三个股东的成员组成。同样制定了《各级管理权限的规定》，实施分级授权的管理体制。但是，厚厚的公司政策手册被薄薄的公司管理大纲取代了，各项管理运作程序也大量简化了。

在这样的管理体制下工作，打个不甚恰当的比方，董事会好比如来佛，给孙悟空划个圈子，总经理好比孙悟空，在这个圈子里自主指挥工程团队，但绝不允许跨出圈子一步。总经理在授权范围内有充分的"自由"，但又必须义不容辞地承担相应的责任。董事会拥有最高决策权，并承担最高决策的责任，但董事会是离线的，不干预总经理的日常工作。总经理是在线的，其权限由董事会授予，承担执行董事会决议以及权限范围内公司管理的全部责任。责任和权限是匹配的。

同时，在公司管理大纲上，开宗明义写明工程建设的目标是"建成一个能够长期安全可靠经济发电的核电站"，即聚焦于公司的全寿期价值，既要确保安全，又要经济效益。当时，董事长非常坚定地声明"在工程建设质量问题上绝不让步，眼睛里揉不得一粒沙子"，后来又提出进一步要求，核电站投运后，前三年的能力因子不低于80%（大亚湾核电投产后三四年才达到的目标）。

在工程建设过程中，公司在要求各级各部门严格按合同和程序运作的同时，还强调并加强了中方最擅长的横向沟通管理。在需要多方协同的关键节点上，比如穹顶吊装、冷试、并网等，设立由各参与方组成的临时横向协调机构。公司还通过各种形式，促进现场各承包商建立非正式关系，促进各节点上下游工序接口的顺畅。

公司强调了大团队的协同，业主方与中方承建商，甚至与社区等各相关方，都奔着一个共同的目标：创造自主化的精品工程，为国争光。高度的主人翁精神和强烈的成就感和自豪感，形成了高效运作的和谐氛围，甚至出现过核岛安装项目负责人主动关心常规岛建设、承包商工人直接给业主总经理提出设备安装质量的疑点等令人感动的场景。当设备制造出现问题时，业主方还主动出手协助解决问题。就连外方设备供应商一见面就说："我们是在一条船上。"也许这就是所谓 $1+1>2$ 的"协同共振"效应[1]。

合同和规章程序必须严格遵守，但聚焦于价值、"建成一个能够长期安全可靠经济发电的核电站"为民造福，才是工程建设的最高原则。

---

[1] 截至 2023 年 3 月 16 日，岭澳核电 1 号机组实现了连续安全运行 6 000 天的新纪录。

岭澳核电一期工程取得的成绩，与中国化的现代管理体制、与大团队的协同、与领导班子和所有参与方员工的努力奋斗分不开。

20年前，秦山核电、大亚湾核电、田湾核电基本上都采用"一体化"建设模式。即业主直接参与从工程前期、建设到运行全寿期的决策和管理，对核电项目的安全质量以及经济效益都极为重视。比如，大亚湾核电和岭澳核电财务部门年年需要定期编制公司财务模型和资金回报率，并上报董事会，研究项目全寿期的经济效益。

业主直接管理工程的最大好处就是始终聚焦于项目的价值，即眼睛不仅看着工程进展，更是盯着运行后能否确保安全和创造出预期效益。在这种"一体化"模式下，业主毫无疑义是法规所述的核设施"营运者"，承担核安全的全面责任。

岭澳一期核电站

三、核电建设迈步大发展时期

有了秦山核电、大亚湾核电和田湾核电的基础，我国核电迈开了大步，进入大发展时期，但这时"一体化"管理模式的缺陷也显现出来了。比如大亚湾核电建设进入安装阶段，土建管理人员就开始流失，接着是安装管理人员的流失，知识积累不下来。到了岭澳核电时期，工程管理专业人员只能从各方重新集结。岭澳一期建设后期，又面临同样的问题，幸亏上级主管部门下达"保留队伍"的指令，才勉强保住了百十号人。接着，我们迎来了沿海一个个核电项目接连而起的大好形势。显然，为迎接这种局面，只能选择建立专业化的核电工程管理队伍。于是，核电工程公司应运而生，工程总承包替代了一体化建设模式。

与此同时，核电公司的上级机构改制为集团，跨行业的营运项目越来越多，企业规模越来越大。国资委也成立了，统一管理国有大型骨干企业。

这一系列改革，加上当时上马的核电工程大多数是大亚湾核电堆型的翻版加改进，工程公司熟门熟路，可以大包大揽。集团里的核电项目分工出现了，业主渐渐把工程放手交给作为总承包方的工程公司管理，自己则集中于生产准备和总包范围外的工作。核电工程阶段的核安全责任慢慢变得模糊起来。

在引进国外三代核电建设时期，相应的业主采取一体化管理模式。但到了自主三代核电建设阶段，"总承包"模式又回来了。许多新的矛盾显露出来了。谁来承担核安全责任？哪一个机构是真正的决策层、核设施营运者？决策层和管理层怎么明确分工、权责怎么划分？总承包建设模式怎么定义？核安全与经济效益的对立怎么统一？在市场竞争条件下，集团对工程考核指标该如何坚持核安全至上的原则，该怎么设定才合理？……

● 核安全责任问题

法规上很明确，核设施营运者必须承担核安全的法律责任即最终责任。

记得在工程建设过程中，考虑到岭澳核电是大亚湾核电的翻版加改进，为了充分利用现有资源，岭澳核电公司委托合营公司（大亚湾）进行生产准备和培养运维人员。在岭澳核电工程进入尾声时，集团领导提出，如果双方共同运行两个核电厂的 4 台机组，既有利于信息反馈、知识积累和员工成长，又有利于机构精简和备件共享，产生良好的互补效应，对核安全更有利。起初提出的方案是岭澳公司委托合营公司运维其 2 台机组。核安全局对此极为重视，经过反复讨论研究，首先确定的原则和前提是核安全责任不能转移，又专门召开核安全技术审查会议慎重讨论，最后否决原岭澳公司"委托"合营公司运行岭澳 2 台机组的方案，代之以成立核电运营公司，统一管理大亚湾核电和岭澳核电 4 台机组的运行。同时，再次重申核安全责任不能委托，业主作为核设施营运者，仍然必须承担核安全的全面责任。

回到工程建设的话题。笔者在本书中阐述了核电工程宜划分为三种类型：示范型、翻版改进型和系列化型。此三类的根本区别在于作为工程建造基准的设计成熟度的不同。建设示范堆时，虽然设计概念已经过数学物理模型和实验的充分验证，但尚未经过核电站运行的考验，同时规格的设计需要在建设（特别是设备制造）过程中才能逐步完善。固化晚、变更多是此类设计的必然特征。示范堆能否实现设计承诺的预期功能，只有投入运行后才能最终验证。太多的不确定性，总承建方是"总包"不了的。系列化型则相反。它的主系统和主体设计已经过大量工程和运维的验证并基本实现了标准化，主体工程开工前设计即可固化，并准备好详细的计划和完善的运作规程。成熟度高的总承建方对此类工程建设胸有成竹。

对于系列化型项目，其标准化设计具备了"采购"的条件，重点是要求工程100%符合建造基准——设计。示范型则不同，设计这个"基准"尚未成熟，还有很多不确定性，需要在建造甚至运维过程中加以改进和完善，设计与业主、制造、施工、调试各方的协调须臾不可或缺。这时，设计与建造方的成熟度就极为关键。简单地将系列化型工程建设模式直接搬用到示范型工程项目，难免会遇到诸多"意外"的挫折。

在 M310 基础上的翻版加改进方案被摸熟吃透之后，大批此类核电工程上马，专业化总承包一路高歌猛进。业主对工程的关注和监督日渐减低，似乎工程公司能够承担了工程的全部责任，而业主只要关心移交接产和运行。业主承担核设施全寿期核安全责任的概念随之逐渐淡化。直到自主设计的示范堆工程建设开展，各种矛盾和质量问题开始显露出来后，究竟谁来承担工程建设质量的责任，才又引发各界的关注。国家有关部门随即下达文件，重申"营运者"即业主必须承担项目全寿期（包括工程阶段）的核安全全面责任。

这是涉及国计民生的大事，法规也很清楚，无须多言。

对于上述三类核电工程建设，业主对直接关系到核安全的工程质量都有着不可推脱的责任，必须确保工程质量管理的有效性，只是监管力度可以有所差别。比如对于设计和建造成熟度（包括技术和执行方）都很高的系列化型工程，可根据经验反馈适当降低监管力度，而对于设计和建造成熟度不高的示范型工程，业主的关注度、协调力度、监管程度都必须加强，以坚守核安全这个底线，承担起核安全的全面责任。

● 责任与权限问题

法规已明确，作为核设施营运者的业主，必须承担包括工程建设期间的全寿期核安全全面责任。接下来的问题是，业主能否承担起这个责任？这不能不涉及公司治理体制问题。

近 20 年来，随着核电事业的发展，具有核电资质的集团和总承建公司所从事的业务范围及其组织的规模迅速扩展。简明的层级式组织被复杂的矩阵式组织架构所替代。直线、参谋、职能部门相互交叉，稍有疏忽，容易造成多头领导，并引发管理混乱。核电项目投资方基本上是国有企业，业主董事会是最高"决策"机构，还是"议事"机构？过去那种明确的"董事会授权范围内的总经理负责制"能否继续实行？在这种条件下，如何使业主担负起核安全全面责任？从法律意义上，最终责任由业主公司董事会承担，法定代表人是董事长。但不少核电项目最高决策权并不在董事会，而是控股方的上级机构。董事长往往不再是决策机构的"一把手"，而是在线（工程建设一线）管理的"一把手"。

且不论公司治理的具体组织方式，关键是责任与权限的关系。显然，责任需要权限的支撑（使之有相应的调动资源的能力），权限需要制度的制约（使之不能也不敢滥用权力）。

管理需要"谋断"。参谋部门是专业人员组成的"出谋划策"的部门，而直线部门是"决断指挥"的部门。即参谋建议，直线命令。职能部门则是协调某个领域，兼具部分指导和指挥权的部门，其权限必须受到适当限制。

在目前大型国企集团矩阵组织架构下，如何保障核电项目直线部门的责权匹配？如何使决策者承担责任，使担责者有相应的权限？

对于进入运维阶段的核电项目，由于系统已进入稳定有序状态，一般情况下，决策内容是设定年度的目标、考核指标和划拨相应资源，到年终进行考核。需要由最高决策层干预的突发事件概率很小。

工程建设阶段则不然，工程是由无序向有序稳定状态发生质变的动态渐进过程。最高决策层设定的工程总目标、进度计划和考核指标，因系统内外各种不确定性的干扰，经常需要根据实际情况进行适时调整，以保障工程团队的协同和有序渐进。真正担责的决策层的适时决策至关重要。由于承担工程建设的业主董事长在一线，类似于 CEO，是工程管理的"一把手"，其有限的权限由其上级机构授予。为了避免上级机构的职能部门过度干预而不承担责任，有的企业集团专为在建的工程项目设立一个"指挥部"，或者直接由集团管理层作为该项目的最高决策机构。这样，核电业主的《各级管理权限的规定》中最高层次的责任与权限就可以落地。笔者认为，这不失为一种可行的办法，因为最终的责任和最高的权限可以追踪落实。但是，如果核电业主的上级机构任由职能部门过度干预而不担责，业主的《各级管理权限的规定》中，具有最高决策权限与相应责任的机构就缺失了，责任完全压在企业"一把手"董事长身上，而权限旁落在上级机构不担责的职能部门手中，其造成的结果将不言而喻。与此同时，如果业主的权限失去了直接上级（授权机构）的有效约束，还可能产生贪腐与国有财产损失的漏洞。

● 谁是"核设施营运者"？

按道理说，核设施项目的最高决策者才是核安全的最终责任人。对于合资公司，很明确，其最高决策者是董事会。但对于国企集团下属的核电公司，虽然它是工商登记的法人、法律意义上的营运者，董事长是法人代表，但在这些公司的管理权限规定中，公司董事会并不具有实际意义的决策权，换句话说，实际的最高决策权可能被架空了。

在中国特色社会主义建设过程中，从事核行业的大型国有集团企业建立什么样的公司治理结构，以真正落实核安全责任，也许是还需要进一步梳理的重要课题。

● "四个凡事"的滥用

20 世纪 90 年代中期，笔者曾将大亚湾核电的规范运作归纳为"四个凡事"：对于重要运作，凡事有章可循，凡事有人负责，凡事有人检查，凡事有据可查。由于当时国内不少企业管理尚未规范，"四个凡事"竟广为传播。没承想，随着我国大量企业的规模和范围迅速扩展，不少企业的管理"规范化"出现一些过头的现象，规章程序过于泛滥。本来，"凡事有章可循"，还包括"有章必循、违章必纠"。但若规章程序泛滥，以至于出现大量重复甚至相互矛盾的程序时，运作人员将无所适从。这时机械地执行有差错的程序还不如没有程序，因为没有程序时，员工至少需要动动脑筋或凭经验运作。也许这是帕金森定律在起作用（即，一个层级组织一旦建立起来，就倾向于给自己制造更多的工作，并推动机构和人员规模的膨胀）。重叠机构的员工在编制程序给自己制造工作的同时，又给别人制造更多的工作和麻烦。

为什么程序总是不断采取加法而不是减法呢？有人道出了根本的原因，因为增加程序不用担责，而删减程序需要承担责任。

在工程管理评估中，经常发现总承建方、各主要承建方的管理大纲与业主的管理大纲大同小异，基本上是相互抄袭的。质保大纲亦有类似情况。大型企业集团的规章程序数量每月甚至每周都在增长。基层工作人员面临如此繁杂的程序时，工作往往无从下手，而专注于某一领域的监督部门检查时，轻易就能找出违反程序的"问题"。这种文牍主义导致工作效率低下，害人不浅，必须治理。

不少机构已经认识到程序泛滥的危害性。据说，有的机构痛下决心，一年之内就删减了约百分之三十的程序。有的机构采用"加一减二"的办法（即，每增添一个程序，必须同时精减两个程序）等，取得良好的效果。在某种意义上，这是合宜的渐进式流程再造的过程。如果能使用智能化工具，检查所有重复的和矛盾的程序，加以改造，在精简规章程序的同时，尽量使用简明的流程图，对于管理而言，将是功德无量。只有在这种环境下，重要运作的"四个凡事"才有利于高工效的规范化。

四、关于公司治理的小结

公司治理结构的核心是权责分明。具有最高决策权的机构承担公司的全面责任，由该机构授管理层予权限以承担相应的管理责任。一般决策机构是离线的，而管理层是在线的。目前，我国多数核电业主公司董事长则是在线的，在工程建设阶段，兼工程管理层的"一把手"。需要探讨的是，究竟哪个机构赋予业主公司的最高决策权，并同时能承担起核安全的全面责任。

最高决策层和管理层权责分明后，按照"各司其职、各负其责、相互协调、相互制约"的原则，授予公司各级与其职责相应的权限，并设立必要的监督机构，以维护最高决策者的权益和保护公司的资产。

关于建设模式

我国核电进入大发展阶段之后，EPC 总承包模式逐渐成为核电工程建设模式的首选。但是，在此过程中也遇到了不少问题。"总承包"的概念是否清晰？究竟采用"一体化"还"总承包"模式？可能采用什么样的模式更适应我国核电工程的健康发展？

一、"一体化"与"总承包"模式的回顾

我们已经习惯于将核电工程建设模式划分为"一体化"模式和"总承包"模式。"一体化"模式就是业主直接领导并管理工程建设

全过程，"总承包"模式就是业主委托一家专业的工程公司管理工程建设全过程。不管是业主公司还是工程公司，都有一个共同点，需要通过合同采购把其管理范围内的诸多项目分包给相应的专业组织承担。

回看我国核电起步阶段，大亚湾核电建设业主（广东核电合营公司）统管前期准备、工程建设和运维各阶段，属于"一体化"模式。但是，当时业主并未掌握核电技术，所有设计、设备制造和施工管理等，均由业主分包出去。比如法国电力公司提供全套技术服务，法马通公司提供核岛全套设备、英国通用电气公司提供全套常规岛设备等。

近20年来，国内核电工程建设兴起"总承包"模式，行业内建立了若干核电工程公司，有的从设计起家，有的从工程管理起家，都已迅速扩大。各家似乎都力求具备EPCS，即设计、采购、建造到调试的全面"总承包"的能力。

从中国核电事业的发展着想，什么样的建设模式更合理呢？

在岭澳核电一期、秦山核电二期、秦山核电三期（CANDU）以及田湾核电一期（VVER）等项目建成之后，M310翻版加改进的"二代加"系列，基本实现了设计/建造标准化，我国核电项目如雨后春笋般一口气建成了20多台机组，发挥了很高的效益，为我国经济腾飞和大气环保作出了重要贡献。此后，三代示范堆，包括引进的EPR、AP1000以及自主的华龙一号、国和一号等，已陆续投运或有望近期投运。据称，新的自主化堆型也已在研发。那么，下一步怎么走呢？

"华龙一号"全球首堆示范工程——福清核电 5、6 号机组建设现场

　　为了实现中国特色社会主义现代化，实现我国碳排放目标，核电作为能够承担电力稳定负荷的清洁能源，无疑需要稳妥积极有序的持续发展。中国必须要有自主的、高质量的、完整的核电产业链。在上游的研发端和下游的制造端，我们还有不少短板。美国、法国、俄罗斯、韩国等国家基本都是举全国之力发展其核电工业。作为社会主义大国的中国，更需要发扬全国一盘棋的精神。"国和一号"作为国家重大项目，进一步推进了我国完整的高端核电产业链的形成。这绝不是单靠哪一个集团更不是哪一个工程公司所能办到的，而是依靠举国机制、全局规划和系统布局才能实现的。

　　核电工程建设直接参与方包括：项目前期准备组织方、投资方、业主、工程项目管理方、设计方、制造方、施工（土建与安装）方、调试方等。设计包括总体以及核岛、常规岛、辅助设施等；制造涉及各行各业千百家；施工不仅分土建与安装，还分核岛、常规岛、辅助设施和海工等；调试亦分为不同设备、系统的调试与联调……能具备比较完整的核电产业链的，只有极少数几个工业大国，更遑论企业集团。纵看变幻的国际形势，中国必须也有能力建成完整的核电工业产业链。但是，必须也只能依靠全局规划、各有分工的举国体制。以"国和一号"为例，仅参研单位就多达700多家。

二、核电工程管理公司

核电工程管理公司应该通晓核电工程各领域全过程的管理，包括设计、采购、建造、调试直至移交全过程以及质量、进度、成本、资源、信息、相关方关系以及风险等各领域的管理，尤其必须坚守核安全至高无上、质量问题绝不让步的原则，建立工程质量保证体系和规范的规章程序，并诚心接受国家核安全当局的监督。它的成熟度来自于工程项目管理实践和经验反馈等知识的积累。

有了配备齐全的专业，不断学习和积累，参与过一个以上核电工程各领域全流程，并建立了规范的程序制度的机构，而后基本可以开始承担核电工程项目管理。

鉴于核电工程管理公司有完整而丰富的工程项目管理经验，它在承担核电工程项目总承建方的同时，可以为核电和其他行业提供专项工程管理、咨询和技术服务。

三、核电工程设计机构

核电工程大体可划分为总体设计以及核岛、常规岛和辅助设施三大部分设计。

本书正文之所以强调"P&D＋B工厂设备与设计",是因为核电工程设计的主体是核动力蒸汽发电系统,而非"建筑工程"设计。一般建筑工程设计(即EPC中的E)的主体是构筑物,供人员活动或为生产系统提供支撑、保护、储存、运输等使用。这类构筑物与生产系统之间可以有明显的分割。核电工程则不然,由于涉及放射性和核安全,核岛设备和构筑物融为一体,共同组成核反应相关的动力和安全等系统。

核电工程设计与设备制造的密切交融,尤其表现在商用示范型核电工程建设中。在经过大量数学和物理模型以及实验验证,确认示范型核电项目的概念可行之后,该工程进入设计阶段。这时,设计不仅需要概念的正确性,更需要规格的可行性,即所需要的工业资源包括材料、设备、工艺等能否以及如何达到设计规格的要求。为此,设计需要与制造密切协同,反复迭代,也许经历坎坷最终成功,也可能最后以失败而告终,只能另觅新径。

商用示范堆经历千辛万苦和千锤百炼一旦建成投产并获得成功,设计任务的重点就转化为尽快实现其标准化。这是一个"小步快跑"的阶段。在确保不降低核安全要求的前提下,主要精力放在通过必要的改进和批量化建设,提高核电的经济性,即提高经济效益,让人民享用更安全可靠而经济的电力。这时,除了少量的改进项需要设计与制造方密切沟通外,其余基本可以实现标准化。

在实现标准化后,即该型号核电的设备或系统,甚至整个核岛或常规岛就可以形成"标准包"。这时,业主或总承建方就可以直接采购这些"标准包"，集中精力于总体设计和建造管理的改进和增效。我国核电改进型二代机组建设和运维取得的优良成绩，也已证明了这条道路的优越性。

我国核电三代已有成功引进的 AP 系列以及自主的"华龙一号"等系列，并正建设或开发"国和一号"、"华龙二号"等自主型号机组。如果能有自主的小型、中型、大型核电机组标准化系列，投资方将更容易选择符合当地实际条件和需求的核电项目，也许只要拥有一支合格的核电工程管理团队的大型国企也能加入到核电大军，对我国核电事业的大发展更为有益。

开发一个新型号的核电是耗资巨大、费时极长、往往需要举全国之力才能完成的工作。与其同质重复研发设计，不如在加速已成功型号核电的设计制造标准化并批量化建造的同时，通过行业协调、统筹分工、集中精力于若干概念更先进并能确保安全、可靠、经济的新型号机组的设计。

建立核电设计公司更需要长期的积淀，没有十年以上的努力，几乎不可能独立完成一座新型核电站的设计。它不仅需要专业齐全的人才、丰厚的知识资产积累，还要在长期工程设计实践中形成内部以及同建造等行业相互协调和相互制约的高度默契。缺少这种默契往往会造成设计的低级错误，导致建造返工、工期延误、成本增加。

与其广播种，不如深耕耘。如何进一步发挥中国特色社会主义的统筹能力，避免同业低效无序竞争，使核电设计行业既各自独立又相互联合，有的专注于总体设计，有的专注于某个优质型号或系统的标准化；有能力的再加强产学研联合，弥补我国核电研发的短板，设计出我国原创性核电项目。

四、核电设备制造方

从自主设计的 30 万千瓦秦山一期核电站以及设计、设备和材料全部从国外引进的 2 台 100 万千瓦机组的大亚湾核电站，经过几代人的努力，我国已经初步建成了完整的核电产业链。自主研发设计容量 100 万千瓦以上的"华龙一号"和"国和一号"示范机组国产化率已达 90%。

秦山一期核电站

在继续突破"卡脖子"的材料、零部件和设备的同时，核电设备制造的标准化也提上了日程。既要持续提升国产设备制造水平，又要避免同质无序竞争。既要发挥大型装备制造企业攻克重大设备技术难关的能力，又要发挥民企攻克某些"卡脖子"的材料、零部件等难题的作用。既要提高经济效益，更要始终坚持质量第一。中国人的聪明才智是世界公认的，攻克难关不易，坚守高质量需要不懈的工匠精神更难！切记，创造和推行"精益管理"的一些日本企业，降本增效推行过了头，以致成本一降再降，质量也随之下降，甚至出现造假而自我毁灭。我国核电"核安全至上"的原则绝不能有丝毫动摇。

经过一段时间的磨合，也许可以考虑某型号的核岛、常规岛或某个主系统的设计与制造方，组成联合体或联盟，完成选定的包括设计制造的标准化系列，形成若干型号的标准化"采购包"。

如此一来，核电业主方在决策核电项目时，就不必劳民伤财，费尽心思去建立本集团的完整工程设计和采购管理体系，而是可以灵活选择工程建设的最佳组合"模块"。比如，业主一体化管理（自建一套核电工程项目管理体系，请专业的技术服务机构协助，签订整岛大包合同），或者业主与P&D＋B总承建方签订合同（业主监管，总承建方选择标准化最佳组合包，并统筹工程管理）。

五、核电施工承建方

有些非核电行业的土建与安装企业，对核电工程的严苛要求不甚理解，以为核电土建安装施工与其他工程没有多大区别，结果接手后，难以适应核电工程的规范管理和严格的质量管理，半途铩羽而归。

核电工程庞大而复杂，核安全和质量要求又高又严，必须建立严密的管理体系和一系列规章程序，严格执行并接受各种监督。其管理成本往往被一般的施工企业严重低估。

正如本书所指出，综合成本＝直接成本＋管理成本＋风险成本。合同标价仅是直接成本。选择成熟度低的施工方，意味着买方需要付出很高的管理成本和风险成本。

成熟度高的核电施工队伍都建立了符合核电工程要求的整套管理规章程序，树立了核安全至上和质量第一的理念，养成了按章运作的习惯，并培育出了一批技术精湛的工匠。这都不是一朝一夕或一纸承诺所能做到的。

经慎重研究，决定引进新的（即核电工程施工成熟度低的）承建方，以形成合理竞争和扩大核电施工资源时，范围宜先小后大，任务宜先易后难，关键重大项宜先当副手再当主角，先努力筑造其核电工程建设与管理的基本功。同时，由于买方需要为培育这支新队伍付出昂贵的管理和风险成本，还要考虑该承建方的资源储备是否足于承担该项合同以及后续核电工程项目。

为了减少繁琐的接口管理，有些工程将土建与安装同时交由一个有资质和实力的承建方完成。这不失为一种缩短工期的尝试，但对承建方的要求更高。

成熟度高的承建方有责任和能力着力于土建和安装施工创新，并尝试对设计/制造已标准化的型号推行标准化的施工规程。

六、核电调试队伍

在业主采取一体化管理时，工程和生产都归其管理。作为工程移交生产关口的调试，生产部门的介入很深。

　　调试队伍既关系到与工程项目的设计、设备制造和安装方的协调，又必须懂得核电厂系统运行的要求，加强与生产部门的协调。这是技术性要求很高，同时需要应对工程项目诸多不确定性的阶段。

　　有些集团在采取总承建模式时，考虑到总承建方是在设计院基础上初建，工程项目管理能力尚待成熟，习惯性地把调试任务划归到生产部门。其优点是生产部门熟悉运行系统和运维需求，提前介入移交接产，有益于质量的严控和未来的运行。但是，调试是对设计和建造的全面检验和发现并处理问题的阶段，在技术和商务上与总承建方合同范围内的设计方、制造方、安装方关系密切，划归生产部管理在协调处理合同纠纷上有些困难。有的集团从生产部门抽调一些骨干组建调试队伍，将调试任务划归总承建方承担，由于当时其承担的核电工程属系列化项目，组建的调试队伍比较稳定，又熟悉运维，与生产部门的接口比较顺畅。

　　两种模式各有所长。不论采取哪种模式，关键是工程部门与生产部门的协同。调试就是对厂内各系统的验证，并发现工程缺陷和遗留问题迅速加以处理的阶段。工程部门由于后续运作的压力，往往希望尽快移交给生产部门，而生产部门当然坚持质量必须完全符合设计基准。双方容易发生矛盾。这时，业主的协调与指令将发挥关键作用。一是坚持原则，所有缺陷和隐患必须处理以达到设计的质量要求；二是掌握好处理的时机。比如遗留项是列为一类遗留项必须在投产前完成，还是可列为二类遗留项在适当时机完成，后者应当得到设备供应方的保证和设计方、生产部门的认可。当然最后取决于业主聚焦于价值的综合考量。

七、关于建设模式的小结

一体化模式意味着业主是核设施营运者，直接承担了核电项目全寿期的管理，承担核安全的全面责任。总承建模式则是业主委托总承建方管理工程建设，业主应配置能保障其参与工程建设重大事项决策以及对工程安全质量有效监管的资源，才能负起核安全的全面责任。

无论是采用哪种模式，业主或总承建方都需要以不同的合同采购方式，组建包括工程管理、设计、制造、施工等专业的工程大团队，才能完成工程建设任务。

在商用示范型核电工程成功投产后，应在保证其核安全基准的前提下，尽力提高该型号的经济效益。除了少量必要的改进，设计宜尽快定型、标准化，同时在设备制造、施工和工程管理等领域推进降本增效的创新和改进。商用示范型核电工程，从设计到建造，各方均已投入了大量资源并建立了完整的管理体系，只有在系列化、批量化建设中，才能"小步快跑"彰显其效益。

为了加快我国核电有序发展的进程，宜统一规划、分工合作，使核电各相关企业避免分散有限资源，而充分发挥各自的长处，致力于若干型号的标准化，形成相应的全套或分系统的设计、或设计＋设备、或某专项的"标准采购包"，以加快系列化、批量化建设。也许可以设想，将来不论采用哪种建设模式，业主或总承建方均能通过公开公平公正的竞争，择优选取它所需要的模块化采购包。

关于创新

自从 1956 年英国创立世界第一座核电站，20 世纪 60 年代至 80 年代初，核电的大发展因 1986 年切尔诺贝利核事故而减缓了步伐。中国乘势而起，直接从二代核电建设开始起步。虽然 2011 年发生的福岛核电站灾难性事故，又使国际核电发展遭到重大挫折，中国仍然为了经济发展和减碳目标，引进并开发自主的更安全的三代核电，至今在运和在建的核电机组已接近 80 台，成为世界核电大国，对于我国经济腾飞和环境保护作出了重大贡献。但是，任重而道远，为了建设中国特色社会主义现代化，我们仍需要大力开发清洁、可靠、经济的能源。风能、太阳能受到气候不可控的制约，水电资源的开发潜力除西南少数地区外也所剩不多。核电仍是难以替代的稳定电力来源，是实现我国"双碳"目标的主力电能之一。

核能发电有多种形式。虽然人们寄希望于可一劳永逸解决人类电力需求的核聚变，但距离实现核聚变发电的商用还有遥远的距离。人们还在研究冷聚变等，也只是在探讨阶段，且不能成为主力电源。目前只有继续发展安全性能更高的核裂变反应核电站。

我们发展核电，是因为利用了核裂变的可控性。"可控"才能被人类驾驭，这是"民之所盼"。同时，人们最担心的是核反应的"失控"，失控给人类和环境造成不可挽回的灾难，这是"民之所忧"。三代核电就是致力于解决后者，尤其"非能动"概念的创新，

123

基本排除了放射性大量泄漏对民众和环境造成不可接受的危害的可能性。

创新总要付出代价。三代核电引入的同时，建造成本也有明显的增加。既要安全可靠，又要经济实惠，这是摆在我们核电人面前的大课题。也许答案只有一个：创新。创新是科技发展的动力，也是我们核电行业发展的动力。

核电创新之路漫长而艰辛，因为在核电安全质量问题上，容不得一点闪失。需要潜下心来，脚踏实地；需要集思广益，慎重选题；需要有舍有得，鞠躬尽力；需要先试后行，逐步推进。笔者能力确实有限，只能将所见所闻、所思所想，草草汇集，抛砖引玉。

阳江核电俯瞰图

一、设计研发

有人说，中国人不善于从 0 到 1 的研发，却善于从 1 到 100 的改进。确实，中国人在科学上的原创性发现和发明太少，有着深层次的历史、文化和教育等原因。有的原创刚从 0 出头，还没到 0.5，因找不到"伯乐"，被四舍五入后轻易否掉了。所幸，这个问题已引起了国家的高度重视，并开始有所转变。

关于核能原理及其在农业、化学、医学、生物学等领域应用的研发，已超出本书的范围。本文只提出涉及我国核电工程项目一些创新问题。有些已经实施成功，有些可能只是"异想天开"。

目前我国核电在全国发电量占比只有 5% 左右，比起世界平均的约 10%，还差得远。与此同时，2012 年我国风能和太阳能二者发电量之和占比为 2% 左右（与核电相近），而十年后的 2022 年其占比已达 11%，为核电的两倍多，同时火电的占比却仍接近 70%。可见，我国核电的发展不仅大有前途，还相当迫切。

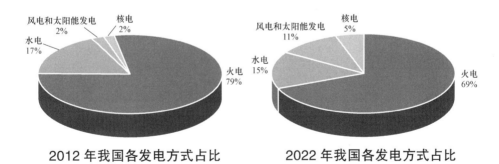

2012 年我国各发电方式占比　　　　2022 年我国各发电方式占比

制约我国核电发展的主要因素是什么？一是安全性，如何进一步消除"民之所忧"，即放射性对民众和环境不可接受损害之风险，包括核电站放射性泄漏风险以及核废料、乏燃料的储存、运输和处理风险；二是经济性，如何使核电成为"民之所盼"，随着我国对可再生清洁能源的大力扶植，风电、太阳能发电等如雨后春笋般规模化迅猛发展，其成本降低之幅度也极为可观，已经对三代核电成本形成很大的压力。

唯有创新，才是解决上述问题的出路。而核安全和经济效益这一对对立与统一的矛盾，正是我们核电行业创新之主题。

我国已经建起了比较完整的核电工业体系，包括完整的核电产业链。我们已经有了 40 多年积累的丰富的核电工程和运维经验，有了成熟的老中青结合的核电技术队伍，有了国际一流的重装制造和重型吊装设备，还有大型国企与中小民企以及产学研联合攻关的实力。创新蓄势待发。

记得 40 年前，一位西方工程师在闲聊时对我说："中国工程师在攻克技术难题时的哲理跟我们不同，当专家提出理论上都没能解决的风险时，你们就停滞不前；我们是另找出路走下去，让专家解决他们的问题。"虽然那是改革开放初期，但这个问题似乎没有完全解决。创新需要咬定青山不放松的精神，还需要在多数的反对声中锲而不舍地迂回前行。可喜的是，我们自主化的三代核电就是这样诞生的。

更令人振奋的是，我们开始迈入智能化的新时代，利用各种 AI 工具，依靠我们积累的大数据，加上我们大批富有献身精神和经验知识的科技工作者，我们可以解决以往无法完成的难题，完全可以大大加速核电行业创新的进程。

● 加速"华龙一号""国和一号"等自主系列的标准化：能否根据不同地区的条件和需求，制定出不同容量和综合用途的若干标准化核电机组设计？再进一步，直接制定标准化的"设计/制造采购包"？

● 促进产学研联合，解决高温堆、熔盐堆、模块化小型堆等的商业化（降低成本、扩大应用）问题。

● 扩大综合利用：积极推进核电的供热、供汽（工业用汽）、制氢和海水淡化等综合效益。有的业主利用当地有利条件，正同时建设核电和抽水蓄能发电工程，二者联动，抽蓄担任电力调峰，可以显著提高核电效益。我国核电均分布在沿海地区，不少厂址紧靠山脉，只要有足够的落差、建设上下"大水池"和补充水的自然损耗的条件，可建设抽水蓄能项目。即使是大海也可作为"下库"建设抽水蓄能电厂，几十年前日本就有先例。

● 内陆核电开发：全世界核电厂一半以上都建在内陆。我国则无一例外全部集中在沿海。虽然我国沿海地区电力负荷最集中，但合宜的核电厂址有限，迟早要向内陆发展。目前公众对长江、黄河流域建核电站的接受度较低。但也有在大西北建设核电基地的建议。有人说，那里缺水，其实不然，新疆的水资源不少于浙江省，更何况美国最大的核电站就是建在亚利桑那州索诺拉沙漠里的帕洛弗迪核电站，其功率约400万千瓦，它与周边城市签订废水供应协议，并实现"零液体排放"，成为合理利用水资源的典范。如果在大西北建设几十座核电厂，以我国独有的直流高压技术，让大西北光电和风电"搭便车"、西电东送，甚至可以利用那里的崇山峻岭建一批就地调峰的抽水蓄能电站，就可以建成中国最大的清洁能源基地。

● 乏燃料与放射性废料处理：乏燃料处理是世界性难题，需要有原创性的探索，是研发的重要课题。工程设计需要进一步研究更安全可靠经济的贮存、运输和处理问题。中低放射性废料的处理，有的已利用荒山开挖硐室储存，更安全并少用地，是否能推广？

● 因地制宜，总体设计：目前世界最古老的在运商用核电站——瑞士贝兹堖核电站有 2 台 36.5 万千瓦压水堆核电机组，选址于阿勒河形成的半岛上。利用瑞士得天独厚的充沛雨量，采用河水直流冷却。从 1969 年投运至今，其与水电结合，常年承担基荷。几十年来同时为附近地区供暖。虽然遭到该国反核组织一再施压，它仍获准延寿 20 年，预计可运营至 2030 年。我国被称为"基建狂魔"，凿山潜海已不在话下，再加上国土辽阔，厂址选择范围是否可以再扩大？其经济用途是否可以更广泛？具体厂址的总体设计能否更多样化？比如，地下式、淹没或半潜式厂房？靠山的厂址能否利用后山修个水池（库），专供应急补水？

● 安全性问题：非能动概念是了不起的创新，可以基本免除了不可接受的大量放射性泄漏对民众和环境的损害。如何延长非能动干预的自持时间？能否以更先进可靠的能源替代柴油发电机？还有，在确保核安全前提下，似乎应该探讨核电工程应对极小概率风险的理念。比如"非计划停堆"本来是应对意外突发事件保护核电厂的安全措施，把它作为业绩考核的重要指标是否合理？近年来一些核电厂发生了海生物群聚堵塞取水口的冷源事件，据称国外有些业内人士认为，对于此类"意外"事件，非计划停堆很正常。我们则采取一系列工程措施将海生物御于取水口之外，其建设和维护费用不菲，性价比是否合算？对大概率高风险事件必须 100% 采取防范措施，并确保核电厂的正常运行。但对于极小概率事件，是否可以在确保免除不可接受损害的前提下，考虑防范成本与效益损失的性价比？

● 设计与建造的互动创新：GPT 等智能化工具的应用，使科技进步如虎添翼，迅猛发展。设备制造的新材料、新工艺以及施工的新装备、新模式、新工艺等必将大量涌现。设计与建造的互动，设计的及时跟进、验证和应用，设计对工程大团队的协同和创新的引领作用，将更加显要。

二、制造

在核电工程成本中，设备供应占了大头。核电的"卡脖子"项目也大多是在设备制造方面。

● 加强产学研结合、国企与民企结合，包括组建联盟或联合体，着力于"卡脖子"材料、零部件和工艺的创新，不仅要建成我国完整的核电高端产业链，还要有所突破。制造方应用创新的材料、工艺和装备，可以制造出核电项目可靠性、耐久性更高，成本更低的设备。

● 加速核电关键重大设备的标准化和各有分工的批量化生产，以提高质量和工效，降低成本。

● 加速智能化在制造行业的应用和推广，包括智能机器人以及智能检测等，提高设备制造质量和工效。

● 发挥中小型民企的作用，与施工企业密切配合，创造适应核电施工的多样化的小型智能化器具，替代工地现场大量重复而又繁重的体力劳作。

● 发挥我国重型施工机械企业的优势，制造适合于核电模块化施工需求的专用重型装备。

三、施工

施工现场工作条件艰苦，受到自然环境的影响，各类工种交叉作业，员工密集，接口复杂，经常成为工程安全质量和进度的制约因素。

● 推广模块化、车间化施工：为了改善工人的作业环境，保证安全和质量，利用我国重型吊装设备的优势，与设计和施工管理方密切配合，把模块化的使用范围和规模应用到极致，对工程的安全质量、进度和成本将是很有益的。

● 以减少人因失误，提高安全质量水平和提升工效为主要目标，坚决推行机械化、自动化、智能化、少人化。现今的房建工程连机器泥瓦匠、机器油漆工等都已上阵。虽然核电施工现场比较复杂，但只要专业的施工企业主动提出，发挥中小型民企的高效率和灵活性，总有办法解决。

四、工程管理

工程管理包括业主和总承建方的工程管理。

● 激发协同效应的管理模式创新：工程大团队的协同效应是工

程建设取得成功的基本动力。其中，业主与总承建方是工程大团队协同的核心。有些工地将业主和总承建方的办公楼合为一体，甚至要求各主要承建方共用一座办公楼。这不仅加强了工程管理体系上的横向协调，还在实体运作上提供便于各方协调的条件。这是工程大团队运转的润滑剂，极有利于接口的顺畅管理。这类管理创新值得提倡。

● 模块化施工：随着核电新型号的问世以及我国施工装备业的巨大提升和施工工艺的改革，模块化施工的优势已经得到业内的公认。但是，核电工程建设工地还有不少可以使用模块化施工的场合，一旦大量开发，必将引发施工组织设计的变革。

● "开顶法"与搭接接口：由于核电工程建设存在大量材料、设备、土建、安装、调试、移交接产等相互交叉的接口，接口管理相当复杂，存在诸多不确定性。因此，核电工程的接口并非追求"无缝接口"，而是"搭接接口"，犹如接力赛跑中接力棒的交接。在现场主设备基本已到货的条件下，趁着环吊安装的时机，利用重型吊装设备将主设备吊入反应堆厂房直接就位，不仅省却了从设备孔起吊、运输、再翻转就位等复杂工序，更是在"搭接"过程中，可观地加快了工程进度。这是很好的创新。同样，这也引发施工组织设计的变革。

● 施工机械的创新：除了开顶法、模块化，为了减少固定式塔吊布置对施工工序的干扰，有的工程管理方还向吊装设备厂家提出需求，并联合研制了重型可移动的履带式塔吊，有的则拟采用重型龙门吊解决此问题。当然还有很多的施工器具尚需创新，这就需要工程管理方前台与后台、设计与建造的密切协同，再反过来促进施工组织设计的创新。

● 进度计划管理：有项工程原关键路径是卡在海底排水管道的施工进度，经施工方精心勘探，认真查找分析各风险点，逐一研究风险防范和施工改进措施，施工进度将能显著提升，不再成为卡住总工期的关键路径。可见施工工艺、机械、器具、材料等一系列创新，倒逼着进度计划管理的改造。如何针对不同的核电工程（不同型号及其所处示范、翻版改进或系列化阶段）、各异的内外部环境等，如何留有合理的风险裕度，科学制定相应的进度计划，并使用智能化工具，适时根据工程实际进展合理进行动态调整，以保障工程整体循序渐进地实现总目标，也是值得研究的课题。

● 智能化：智能化是当今科技的伟大创新，ChatGPT 在全球掀起了一波又一波迅猛的 AI 浪潮，改变人们的思维和工作方式，也将改变项目管理方式。有些现场实现了全工地无死角的可视化安全监管，有些针对其现场甚为复杂的立体交叉作业，拟使用 AI 工具研究可视化的三维现场模型，用于施工计划和管理。智能化可应用的场景太多，甚至可能颠覆我们的一些认知。这既是光明的前景，又是严峻的挑战。在核电工程领域，我们有十分丰富的大数据、足够的算力，如果再结合正确的算法，一个个专用领域去突破，当有令人惊喜的成就。

● 经验反馈：我国已积累了 40 多年核电工程和运维的数据，集中起来再随时增添，这是极其宝贵的大数据库。数据生成信息，信息就是确定性的增加。再从信息提取知识，形成知识资产。研发并使用先进的 AI 工具，这个转换进程加速将很惊人，勾画出核电工程项目管理创新之路。

● 工程实时信息与计划：智能化、可视化不仅使管理者可实时掌握现场工程进展情况，还可以实时与计划对照，发现不符合项和风险，及时分类上报到相应的管理层级，以便及时处置，增强团队的适应性。

● 风险管理：从经验反馈大数据中，能否使用 GPT 等工具，创建核电工程风险管理平台，自动生成工程阶段各领域各时段可能遇到的风险与对策的经验反馈，甚至提出经过智能优化过的方案？这样，风险管理就可以真正落地了。

● 质量管理：随着国家和民众对核电工程质量的日益关切，核电工程质量监管层层加码，但尚未形成真正有效且高效的工程质量管理体系。能否汇集质量管理的大数据库，以先进的 AI 工具分门别类地量化分析各种质量检测和监管的有效性，在遵循法规和科学论证的基础上，建立起覆盖核电工程各领域各工种的完善的质量管理体系和考核指标？同时，尽可能推进智能检测技术，既避免人为失误，又可提高效率。

● 规章程序管理：工程管理受到繁多的规章程序的制约，其中难免有不少重复、交叉或缺失。由于企业规模大、机构多，环环相扣，依靠人工整理和精简规章程序的难度甚大。可否依靠智能化工具，一是删繁就简，并修订所有重复、交叉、错漏之处；二是尽可能将程序精简为流程图。借势还可以进行流程再造或优化，提高公司治理效率。

● 社区关系：核电工程所在地的社区，是重要的相关方。与社区搞好关系，不只是业主方协助支持社区的工作，反过来，社区还会协助工程管理解决难题。有的核电业主在社区党组织支持下，建立了由业主、社区政府、公安和各参建方组成工地联合党委，原先难以解决的劳务纠纷、寻衅滋事等案件发生率迅速下降。这也是管理的创新。只要是有利于核电事业的发展，管理创新大有可为。

五、关于创新的小结

经过 40 年的奋斗，我国核电已获得很大成就，但近十几年来风电、光电等清洁能源的发展更加迅猛，不仅其 14%的发电量占比远远超过核电的 5%，其建造成本的急剧下降也对核电形成了巨大的压力。时不我待，作为承担稳定电力负荷的清洁能源，核电行业唯有努力创新，才能跟上我国实现社会主义现代化和"双碳"目标的步伐。

一方面是进一步解决核电"民之所忧"的问题，包括更安全堆型以及核废料处置等创新研发，以及内陆核电的创新研究。另一方面，更现实的是加强行业内的分工协作，取长补短，合力加快已成功投产的自主型号核电的全面系列化、标准化和批量化进程。在此过程中，依托我国完整雄厚的制造产业链，借助先进智能化工具，加大设计、制造、施工以及工程管理各领域各阶段的创新，以持续提升工程质量水平和降本增效。

我国核电创新之路已经开启，沿着它披荆斩棘，必将迎来中国核电建设的广阔前程。